高等职业教育建筑工程管理专业工学结合"十三五"规划教材

工程管理类专业综合实训

主　编　孙　阳

副主编　郭红星

主　审　穆柏春

WUHAN UNIVERSITY PRESS

武汉大学出版社

图书在版编目(CIP)数据

工程管理类专业综合实训/孙阳主编. —武汉:武汉大学出版社,2016.7
高等职业教育建筑工程管理专业工学结合"十三五"规划教材
ISBN 978-7-307-17833-5

Ⅰ.工… Ⅱ.孙… Ⅲ.建筑工程—施工管理—高等职业教育—教材
Ⅳ.TU71

中国版本图书馆 CIP 数据核字(2016)第 103619 号

责任编辑:刘小娟 李嘉琪   责任校对:路亚妮   装帧设计:吴 极

出版发行:**武汉大学出版社**   (430072 武昌 珞珈山)
　　　　(电子邮件:whu_publish@163.com 网址:www.stmpress.cn)
印刷:虎彩印艺股份有限公司
开本:787×1092 1/16 印张:17.75 字数:418 千字
版次:2016 年 7 月第 1 版   2016 年 7 月第 1 次印刷
ISBN 978-7-307-17833-5   定价:39.00 元

《工程管理类专业综合实训》编写人员

主　编：孙　阳

副主编：郭红星

参　编（以姓氏笔画为序）：

王　宏　王飞坤　王君梅　任海博　李　艳

张　建　张一迪　岳　杰　赵洪亮　徐冬梅

徐建元　唐永鑫

前　言

　　本书作为工程管理类专业综合实训教学教材和相近专业的参考教材,具有综合性高、实践性强、覆盖专业广等特点。本书在编写过程中遵循"实用为准,够用为度"的原则,以突出现代职业教育的特点为实际,以实现"教、学、做"一体化课堂环境为目的,以培养开放性、实践性、创新性技术技能型人才为指导思想。

　　一、理实融合,突出职业技能

　　本书以职业岗位典型工作任务为基础,以实际工作需求为中心,内容丰富且简洁。它是在工程管理类专业课程体系指导下编写的实训教材,与施工员、测量员、造价员、材料员、资料员等基础知识和岗位技能联系紧密。本书适合教师教学和学生实验、实训使用,理论与实践相容,实用性很强。

　　二、教材结构创新,凸显"教、学、做"一体化

　　本书每个实训项目包括教师设计任务部分和学生操作完成部分,凸显"教师教""学生学""学生做"一体化教学特色。

　　三、内容实用,坚持工学结合

　　本书对教学内容进行了精选,删减了基本实验内容,保留了能提高学生职业技能的项目,包括 CAD 制图、建筑工程测量、建筑施工技术、工程质量检测、建筑工程项目管理、建筑工程招投标模拟、建筑工程造价实训、工程监理文件编制、工程技术资料编制等实训项目。

　　本书由辽宁工业大学穆柏春教授担任主审。在编写过程中得到了许多建设单位、施工单位、监理单位、工程造价咨询单位的大力帮助,在此一并致以衷心的感谢!

　　由于编者水平所限,书中难免有不足之处,敬请广大读者批评指正。

编　者

2015 年 12 月

目　录

1 CAD 制图实训项目

1.1 绘制某工程平面图

绘制某工程平面图实训项目任务指导书

所属专业：　　　　　　　指导教师：　　　　　　　编制序号：CAD(一)

实训项目名称	绘制某工程平面图	实训地点	CAD 制图中心
		实训学时	6
适用专业	建设工程管理、建筑工程技术、建设工程监理、工程造价及其他相近专业		
实训目的	1.通过实训，学生应对该门课程的理论知识和基本技能融会贯通，加深对绘图命令的应用； 2.通过实训，学生应熟练掌握建筑工程平面图的绘制方法及技巧		
实训任务及要求	实训任务：完成某工程平面图的绘制。 实训要求：图层建立要合理，轴网尺寸符合图纸要求，标注样式管理器设置适宜；课程实训期间，严禁捏造、抄袭		
所需主要仪器设备	计算机、AutoCAD 软件、××市公路处办公楼工程图纸		
实训组织	以班级为单位，在 CAD 制图中心每人一台计算机进行实训，教师讲解绘图过程及操作要点，并进行示范，学生自己动手操作，操作完成后相互点评，最后由教师进行总结		
实训步骤	1.建立图层，内容包括门窗层、文本层、轴线层、附件层、尺寸层等； 2.绘制轴网； 3.绘制墙体； 4.绘制门窗； 5.绘制文本； 6.绘制附件； 7.尺寸标注		
实训预计成果（结论）	××市公路处办公楼工程平面图		
考核标准	1.考勤标准(30%)：按时出勤，不迟到、不早退、不旷课，态度认真，遵守实训纪律。 2.听课态度(20%)：听课态度端正，笔记详略得当。 3.成果标准(50%)：图形绘制符合图纸要求		

绘制某工程平面图实训成果

所属班级：　　　　　　　学生姓名：　　　　　　　编制时间：

备注：将所绘图形(图 1-1)打印后粘贴到此处。

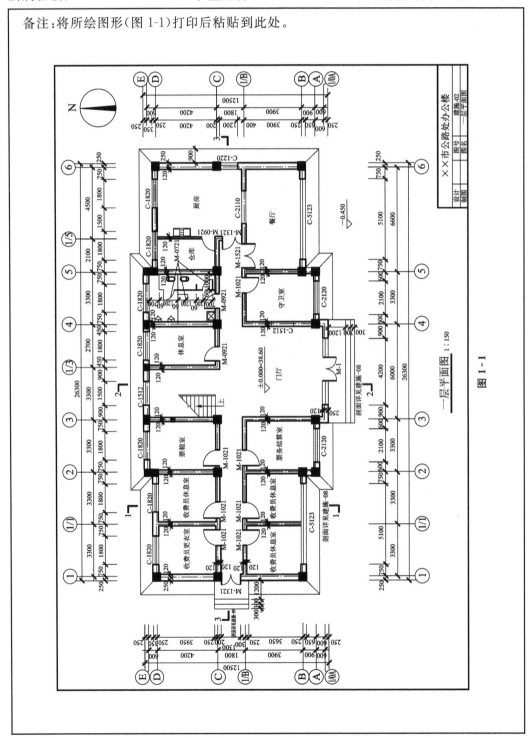

图 1-1

1.2 绘制某工程立面图

绘制某工程立面图实训项目任务指导书

所属专业：　　　　　　指导教师：　　　　　　编制序号：CAD(二)

实训项目名称	绘制某工程立面图	实训地点	CAD 制图中心
		实训学时	6
适用专业	建设工程管理、建筑工程技术、建设工程监理、工程造价及其他相近专业		
实训目的	1.通过实训,学生应对该门课程的理论知识和基本技能融会贯通,加深对绘图命令的应用; 2.通过实训,学生应熟练掌握建筑工程立面图的绘制方法及技巧		
实训任务及要求	实训任务:完成某工程立面图的绘制。 实训要求:门窗尺寸及位置、各层层高、尺寸标注、附注说明等要符合图纸要求;课程实训期间,严禁捏造、抄袭		
所需主要仪器设备	计算机、AutoCAD 软件、××市公路处办公楼工程图纸		
实训组织	以班级为单位,在 CAD 制图中心每人一台计算机进行实训,教师讲解绘图过程及操作要点,并进行示范,学生自己动手操作,操作完成后相互点评,最后由教师进行总结		
实训步骤	1.画出室外地坪线及首尾轴线; 2.画出首层门窗; 3.将首层门窗按相应层高复制到标准层及顶层; 4.修改标准层及顶层中与首层不一样的门窗; 5.绘制屋顶及附件; 6.标注标高、尺寸,注明各部位的装修做法,注写必要的文字说明		
实训预计成果(结论)	××市公路处办公楼工程立面图		
考核标准	1.考勤标准(30%):按时出勤,不迟到、不早退、不旷课,态度认真,遵守实训纪律。 2.听课态度(20%):听课态度端正,笔记详略得当。 3.成果标准(50%):图形绘制符合图纸要求		

绘制某工程立面图实训成果

所属班级：　　　　　　学生姓名：　　　　　　编制时间：

备注：将所绘图形（图 1-2）打印后粘贴到此处。

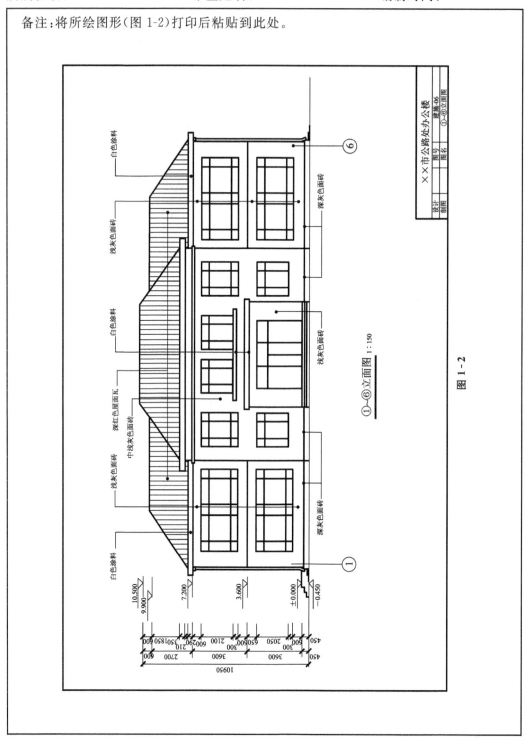

图 1-2

1.3 绘制某工程剖面图

绘制某工程剖面图实训项目任务指导书

所属专业：　　　　　指导教师：　　　　　编制序号：CAD(三)

实训项目名称	绘制某工程剖面图	实训地点	CAD 制图中心
		实训学时	6
适用专业	建设工程管理、建筑工程技术、建设工程监理、工程造价及其他相近专业		
实训目的	1.通过实训，学生应对该门课程的理论知识和基本技能融会贯通，加深对绘图命令的应用； 2.通过实训，学生应熟练掌握建筑工程剖面图的绘制方法及技巧		
实训任务及要求	实训任务：完成某工程剖面图的绘制。 实训要求：轴线建立、剖面墙线及门窗位置要符合图纸要求，结构构件位置关系要合理，尺寸标注要仔细认真；课程实训期间，严禁捏造、抄袭		
所需主要仪器设备	计算机、AutoCAD 软件、××市公路处办公楼工程图纸		
实训组织	以班级为单位，在 CAD 制图中心每人一台计算机进行实训，教师讲解绘图过程及操作要点并进行示范，学生自己动手操作，操作完成后相互点评，最后由教师进行总结		
实训步骤	1.建立轴线； 2.画剖面墙线； 3.画剖面门窗； 4.画剖面楼梯； 5.画楼板； 6.标注尺寸、标高		
实训预计成果(结论)	××市公路处办公楼工程剖面图		
考核标准	1.考勤标准(30%)：按时出勤，不迟到、不早退、不旷课，态度认真，遵守实训纪律。 2.听课态度(20%)：听课态度端正，笔记详略得当。 3.成果标准(50%)：图形绘制符合图纸要求		

绘制某工程剖面图实训成果

所属班级：　　　　　　　学生姓名：　　　　　　　编制时间：

备注：将所绘图形（图 1-3）打印后粘贴到此处。

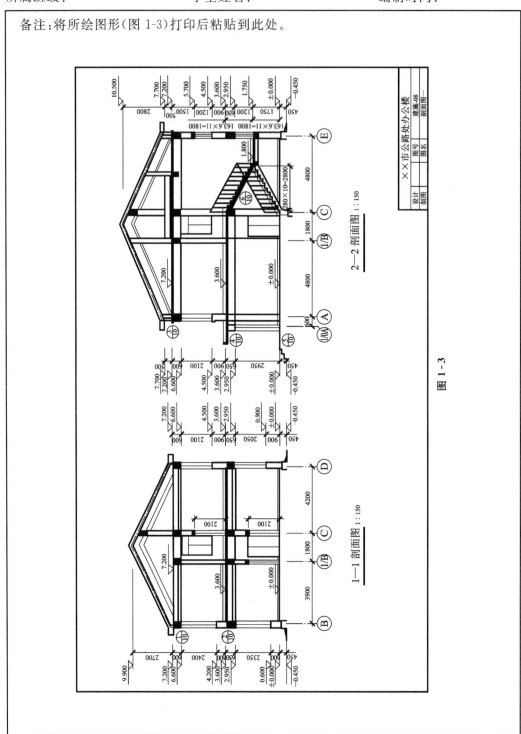

图 1-3

1.4 绘制某工程基础平面图及基础详图

绘制某工程基础平面图及基础详图实训项目任务指导书

所属专业：　　　　　　　指导教师：　　　　　　　编制序号:CAD(四)

实训项目名称	绘制某工程基础平面图及基础详图	实训地点	CAD 制图中心
		实训学时	6
适用专业	建设工程管理、建筑工程技术、建设工程监理、工程造价及其他相近专业		
实训目的	1.通过实训,学生应对该门课程的理论知识和基本技能融会贯通,加深对绘图命令的应用; 2.通过实训,学生应熟练掌握建筑工程基础平面图及基础详图绘制方法及技巧		
实训任务及要求	实训任务:完成某工程基础平面图及基础详图的绘制。 实训要求:图层建立要适宜,轴网的绘制、基础的平面尺寸及位置、尺寸标注、附注说明要符合图纸要求;课程实训期间,严禁捏造、抄袭		
所需主要仪器设备	计算机、AutoCAD 软件、××市公路处办公楼工程图纸		
实训组织	以班级为单位,在 CAD 制图中心每人一台计算机进行实训,教师讲解绘图过程及操作要点并进行示范,学生自己动手操作,操作完成后相互点评,最后由教师进行总结		
实训步骤	1.建立图层; 2.绘制轴网; 3.分别绘制各种基础平面图; 4.将所绘制各种基础平面图复制到轴网中相应位置并精确调整位置; 5.标注尺寸及文本; 6.绘制基础底面标高线; 7.确定基础各处标高及尺寸; 8.绘制基础局部剖面图; 9.尺寸及文本标注		
实训预计成果(结论)	××市公路处办公楼工程基础平面图及基础详图		
考核标准	1.考勤标准(30%):按时出勤,不迟到、不早退、不旷课,态度认真,遵守实训纪律。 2.听课态度(20%):听课态度端正,笔记详略得当。 3.成果标准(50%):图形绘制符合图纸要求		

绘制某工程基础平面图及基础详图实训成果

所属班级：　　　　　　　　学生姓名：　　　　　　　　编制时间：

备注：将所绘图形(图1-4、图1-5)打印后粘贴到此处。

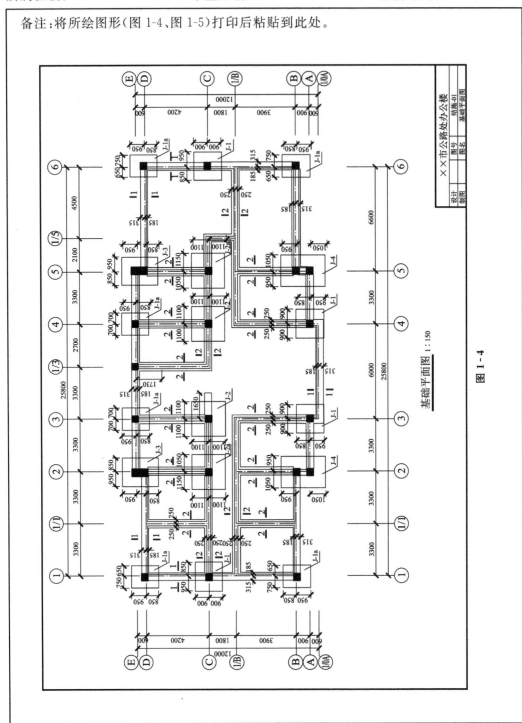

图 1-4

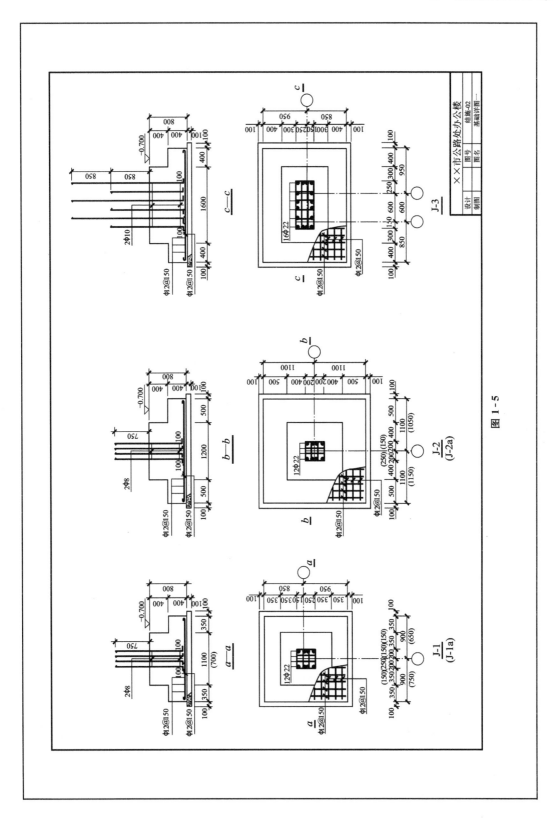

图 1-5

1.5 绘制某工程柱平面布置图

绘制某工程柱平面布置图实训项目任务指导书

所属专业：　　　　　　　指导教师：　　　　　　编制序号：CAD(五)

实训项目名称	绘制某工程柱平面布置图	实训地点	CAD制图中心
		实训学时	6
适用专业	建设工程管理、建筑工程技术、建设工程监理、工程造价及其他相近专业		
实训目的	1.通过实训,学生应对该门课程的理论知识和基本技能融会贯通,加深对绘图命令的应用; 2.通过实训,学生应熟练掌握建筑工程柱平面布置图绘制方法及技巧		
实训任务及要求	实训任务:完成某工程柱平面布置图的绘制。 实训要求:图层建立要适宜,轴网的绘制、柱的尺寸、位置及填充要符合图纸要求;课程实训期间,严禁捏造、抄袭		
所需主要仪器设备	计算机、AutoCAD软件、××市公路处办公楼工程图纸		
实训组织	以班级为单位,在CAD制图中心每人一台计算机进行实训,教师讲解绘图过程及操作要点并进行示范,学生自己动手操作,操作完成后相互进行点评,最后由教师进行总结		
实训步骤	1.建立图层; 2.绘制轴网; 3.绘制各种柱并将其填充; 4.将绘制好的各种柱复制到相应位置并精确调整; 5.尺寸及文本标注		
实训预计成果(结论)	××市公路处办公楼工程柱平面布置图		
考核标准	1.考勤标准(30%):按时出勤,不迟到、不早退、不旷课,态度认真,遵守实训纪律。 2.听课态度(20%):听课态度端正,笔记详略得当。 3.成果标准(50%):图形绘制符合图纸要求		

绘制某工程柱平面布置图实训成果

所属班级：　　　　　　学生姓名：　　　　　　编制时间：

备注:将所绘图形(图1-6)打印后粘贴到此处。

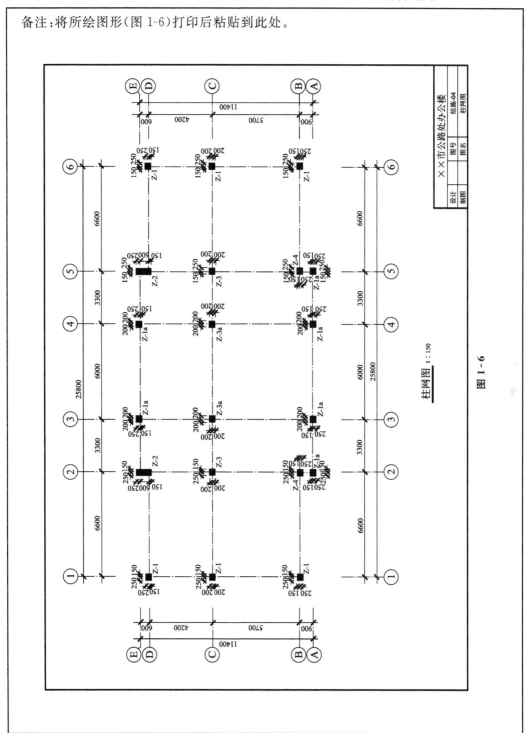

图 1-6

1.6 绘制某工程柱配筋图

绘制某工程柱配筋图实训项目任务指导书

所属专业：　　　　　　　指导教师：　　　　　　　编制序号：CAD（六）

实训项目名称	绘制某工程柱配筋图	实训地点	CAD制图中心
		实训学时	6
适用专业	建设工程管理、建筑工程技术、建设工程监理、工程造价及其他相近专业		
实训目的	1.通过实训,学生应对该门课程的理论知识和基本技能融会贯通,加深对绘图命令的应用; 2.通过实训,学生应熟练掌握建筑工程柱配筋图绘制方法及技巧		
实训任务及要求	实训任务:完成某工程柱配筋图的绘制。 实训要求:轴线的绘制,柱的尺寸、位置、受力筋、箍筋的位置及附注说明等要符合图纸要求;课程实训期间,严禁捏造、抄袭		
所需主要仪器设备	计算机、AutoCAD软件、××市公路处办公楼工程图纸		
实训组织	以班级为单位,在CAD制图中心每人一台计算机进行实训,教师讲解绘图过程及操作要点并进行示范,学生自己动手操作,操作完成后相互点评,最后由教师进行总结		
实训步骤	1.绘制定位轴线; 2.绘制柱身; 3.绘制配筋(受力筋及箍筋); 4.绘制相应符号; 5.尺寸、标高及钢筋符号标注		
实训预计成果（结论）	××市公路处办公楼工程柱配筋图		
考核标准	1.考勤标准(30%):按时出勤,不迟到、不早退、不旷课,态度认真,遵守实训纪律。 2.听课态度(20%):听课态度端正,笔记详略得当。 3.成果标准(50%):图形绘制符合图纸要求		

绘制某工程柱配筋图实训成果

所属班级：　　　　　　学生姓名：　　　　　　编制时间：

备注：将所绘图形(图 1-7)打印后粘贴到此处。

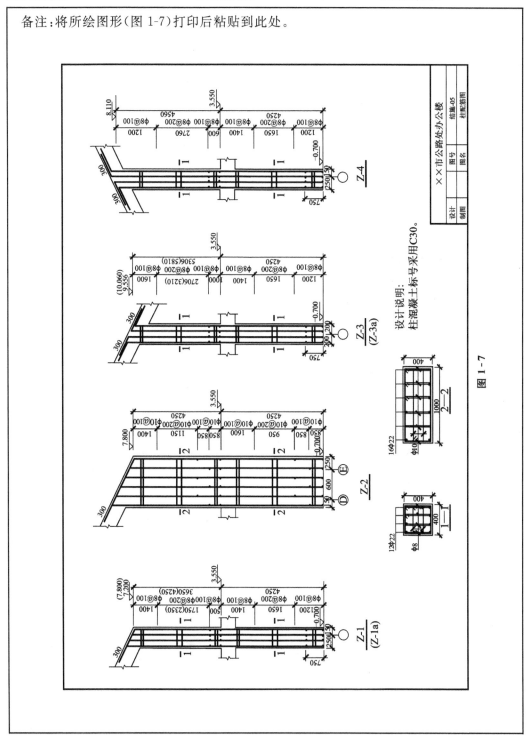

图 1-7

1.7 绘制某工程楼板平面布置图

绘制某工程楼板平面布置图实训项目任务指导书

所属专业：　　　　　　指导教师：　　　　　　编制序号：CAD（七）

实训项目名称	绘制某工程楼板平面布置图	实训地点	CAD制图中心
		实训学时	6
适用专业	建设工程管理、建筑工程技术、建设工程监理、工程造价及其他相近专业		
实训目的	1.通过实训，学生应对该门课程的理论知识和基本技能融会贯通，加深对绘图命令的应用； 2.通过实训，学生应熟练掌握建筑工程楼板平面布置图绘制方法及技巧		
实训任务及要求	实训任务：完成某工程楼板平面布置图的绘制。 实训要求：楼板配筋的绘制、尺寸标注及附注说明等要符合图纸要求；课程实训期间，严禁捏造、抄袭		
所需主要仪器设备	计算机、AutoCAD软件、××市公路处办公楼工程图纸		
实训组织	以班级为单位，在CAD制图中心每人一台计算机进行实训，教师讲解绘图过程及操作要点并进行示范，学生自己动手操作，操作完成后相互点评，最后由教师进行总结		
实训步骤	1.复制相应楼层平面图； 2.将复制好的平面图进行相应修改，内容包括墙体、门窗等； 3.绘制楼板配筋； 4.尺寸、文本及钢筋符号标注		
实训预计成果（结论）	××市公路处办公楼楼板平面布置图		
考核标准	1.考勤标准（30%）：按时出勤，不迟到、不早退、不旷课，态度认真，遵守实训纪律。 2.听课态度（20%）：听课态度端正，笔记详略得当。 3.成果标准（50%）：图形绘制符合图纸要求		

绘制某工程楼板平面布置图实训成果

所属班级： 学生姓名： 编制时间：

备注：将所绘图形(图 1-8)打印后粘贴到此处。

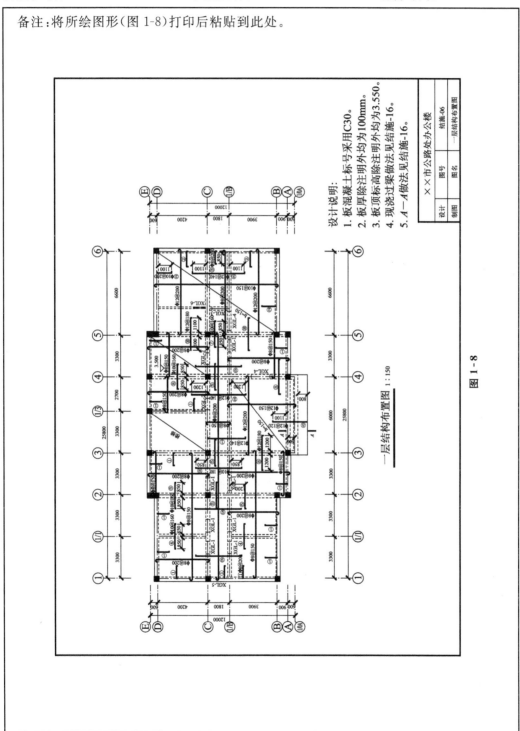

图 1-8

1.8 绘制某工程梁配筋图

绘制某工程梁配筋图实训项目任务指导书

所属专业：　　　　　　　　指导教师：　　　　　　　　编制序号：CAD（八）

实训项目名称	绘制某工程梁配筋图	实训地点	CAD 制图中心
		实训学时	6
适用专业	建设工程管理、建筑工程技术、建设工程监理、工程造价及其他相近专业		
实训目的	1.通过实训，学生应对该门课程的理论知识和基本技能融会贯通，加深对绘图命令的应用； 2.通过实训，学生应熟练掌握建筑工程梁配筋图绘制方法及技巧		
实训任务及要求	实训任务：完成某工程梁配筋图的绘制。 实训要求：平面图修改，梁配筋的标注、附注说明等要符合图纸要求；课程实训期间，严禁捏造、抄袭		
所需主要仪器设备	计算机、AutoCAD 软件、××市公路处办公楼工程图纸		
实训组织	以班级为单位，在 CAD 制图中心每人一台计算机进行实训，教师讲解绘图过程及操作要点并进行示范，学生自己动手操作，操作完成后相互点评，最后由教师进行总结		
实训步骤	1.复制相应楼层平面图； 2.将复制好的平面图进行修改，内容包括墙体、门窗等； 3.标注横轴线方向梁的配筋； 4.标注纵轴线方向梁的配筋； 5.尺寸及文本标注		
实训预计成果（结论）	××市公路处办公楼梁配筋图		
考核标准	1.考勤标准（30%）：按时出勤，不迟到、不早退、不旷课，态度认真，遵守实训纪律。 2.听课态度（20%）：听课态度端正，笔记详略得当。 3.成果标准（50%）：图形绘制符合图纸要求		

绘制某工程梁配筋图实训成果

所属班级：　　　　　　学生姓名：　　　　　　编制时间：

备注：将所绘图形（图1-9）打印后粘贴到此处。

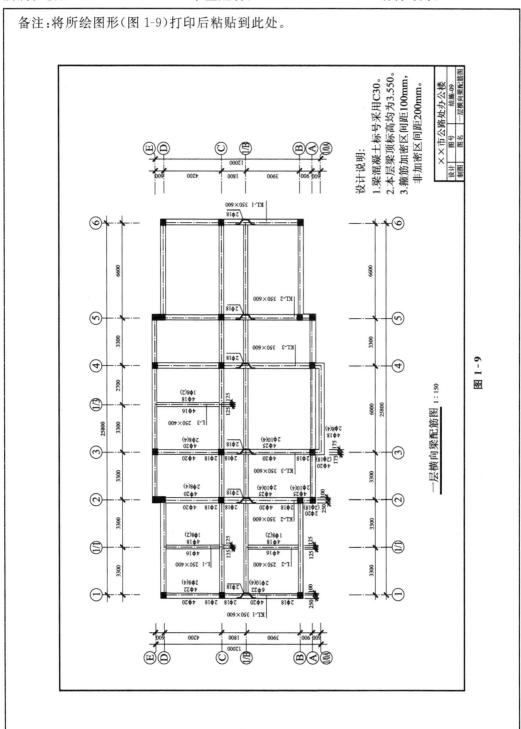

图 1-9

1.9 绘制某工程楼梯详图

绘制某工程楼梯详图实训项目任务指导书

所属专业：　　　　　　指导教师：　　　　　　编制序号:CAD(九)

实训项目名称	绘制某工程楼梯详图	实训地点	CAD制图中心
		实训学时	6
适用专业	建设工程管理、建筑工程技术、建设工程监理、工程造价及其他相近专业		
实训目的	1.通过实训,学生应对该门课程的理论知识和基本技能融会贯通,加深对绘图命令的应用; 2.通过实训,学生应熟练掌握建筑工程楼梯详图绘制方法及技巧		
实训任务及要求	实训任务:完成某工程楼梯详图的绘制。 实训要求:楼梯间尺寸、门窗位置、楼梯各部尺寸以及剖面图中楼梯的各部尺寸等要符合图纸要求;课程实训期间,严禁捏造、抄袭		
所需主要仪器设备	计算机、AutoCAD软件、××市公路处办公楼工程图纸		
实训组织	以班级为单位,在CAD制图中心每人一台计算机进行实训,教师讲解绘图过程及操作要点并进行示范,学生自己动手操作,操作完成后相互点评,最后由教师进行总结		
实训步骤	1.楼梯平面图。 (1)确定楼梯间开间进深的大小,墙、门、窗的位置,以及梯段水平投影的长度; (2)按 $n-1$ 等分梯段的投影画出栏杆的水平投影及折断线; (3)按照尺寸线位置绘制楼梯平面图及箭头方向,并进行尺寸标注。 2.楼梯剖面图。 (1)根据楼梯底层平面图中的剖切位置和投影方向,画出墙身轴线和墙身厚度,再根据标高画出室内外地坪线、各层楼面、楼梯平台的位置线及它们的厚度; (2)根据梯段的长度、平台宽度定出梯段位置,然后根据踏步级数 n 利用两平行线等距离分格的方法画出踏步,并画出梯段或梯板厚度及平台梁的投影线,未被剖切到的梯段上的踏步如果可见,则画成实线,如不可见,则画成虚线; (3)画出门窗、台阶、栏杆扶手等细部,并画出尺寸线、尺寸界线、标高符号和轴线圆圈		
实训预计成果(结论)	××市公路处办公楼楼梯详图		
考核标准	1.考勤标准(30%):按时出勤,不迟到、不早退、不旷课,态度认真,遵守实训纪律。 2.听课态度(20%):听课态度端正,笔记详略得当。 3.成果标准(50%):图形绘制符合图纸要求		

绘制某工程楼梯详图实训成果

所属班级：　　　　　　学生姓名：　　　　　　编制时间：

备注：将所绘图形(图 1-10)打印后粘贴到此处。

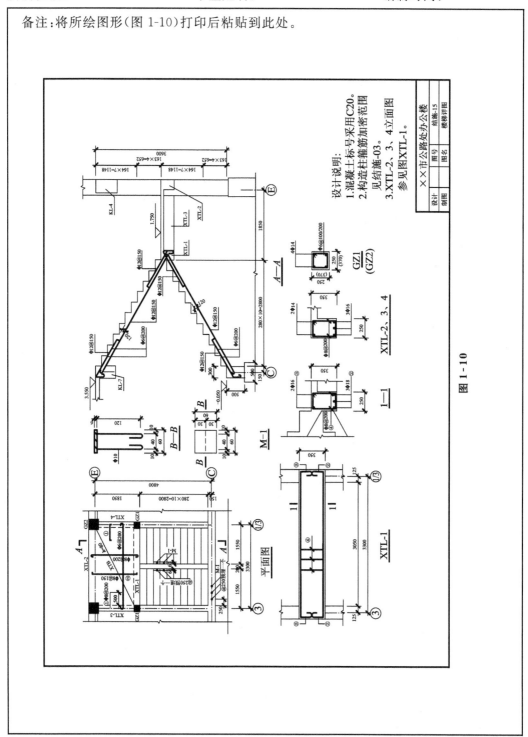

图 1-10

1.10　绘制某工程结构节点详图

绘制某工程结构节点详图实训项目任务指导书

所属专业：　　　　　　指导教师：　　　　　　编制序号：CAD（十）

实训项目名称	绘制某工程结构节点详图	实训地点	CAD制图中心
		实训学时	6
适用专业	建设工程管理、建筑工程技术、建设工程监理、工程造价及其他相近专业		
实训目的	1.通过实训，学生应对该门课程的理论知识和基本技能融会贯通，加深对绘图命令的应用； 2.通过实训，学生应熟练掌握建筑工程结构节点详图绘制方法及技巧		
实训任务及要求	实训任务：完成某工程结构节点详图的绘制。 实训要求：构件轮廓尺寸、填充、配筋以及标注等要符合图纸要求；课程实训期间，严禁捏造、抄袭		
所需主要仪器设备	计算机、AutoCAD软件、××市公路处办公楼工程图纸		
实训组织	以班级为单位，在CAD制图中心每人一台计算机进行实训，教师讲解绘图过程及操作要点并进行示范，学生自己动手操作，操作完成后相互点评，最后由教师进行总结		
实训步骤	1.绘制辅助线； 2.绘制墙体轮廓线； 4.填充过梁及墙体、抹灰材料图例； 5.完成细部绘制； 6.完成其他节点的绘制，挑檐及地面部位节点的绘制方法基本与楼面一致，即通过交点捕捉，用"PLine"命令绘制出轮廓线之后，再填充材料，最后完成细部等操作； 7.标注		
实训预计成果（结论）	××市公路处办公楼结构节点详图		
考核标准	1.考勤标准（30%）：按时出勤，不迟到、不早退、不旷课，态度认真，遵守实训纪律。 2.听课态度（20%）：听课态度端正，笔记详略得当。 3.成果标准（50%）：图形绘制符合图纸要求		

绘制某工程结构节点详图实训成果

所属班级：　　　　　　学生姓名：　　　　　　　　编制时间：

备注:将所绘图形(图 1-11)打印后粘贴到此处。

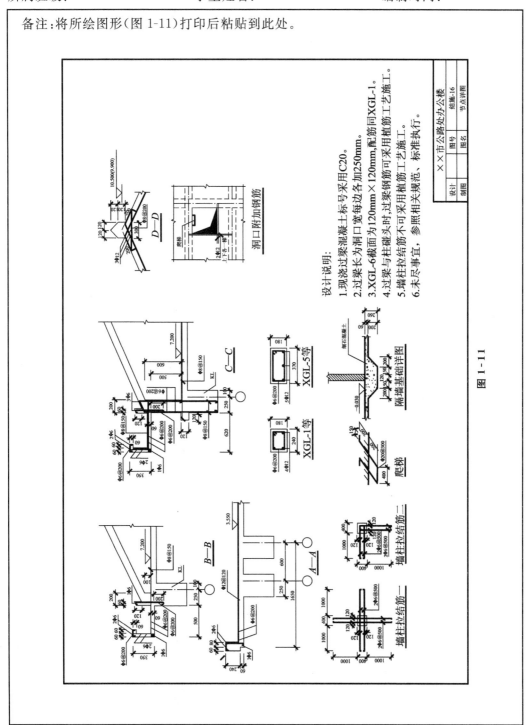

图 1-11

2 建筑工程测量实训项目

2.1 支水准路线测设

支水准路线测设实训项目任务指导书

所属专业：　　　　　指导教师：　　　　　编制序号：测量（一）

实训项目 名称	支水准路线测设	实训地点	测量实训室
		实训学时	2
适用 专业	建设工程管理、建设工程监理、建筑工程技术及其他相近专业		
实训 目的	1.练习水准测量中测站和转点的选择、水准尺的立尺方法、测站上的仪器操作。 2.掌握闭合水准路线的观测、记录、计算检核以及集体配合、协调作业的施测过程。 3.掌握高差闭合差的计算方法和分配		
实训任务 及要求	1.每组给出已知水准点 BMA 点的高程，给出待测点 B、C、D、E 等。 2.由已知点出发，依次测定各待测点高程，并通过往返观测进行检核。 3.利用水准仪传递高程，测量的高差闭合差应在允许范围之内		
所需主要 仪器设备	水准仪、塔尺、尺垫、记录笔、计算器		
实训 组织	学生分组，每组 4～5 人，教师讲解测量要点并进行示范，学生自己动手测量，完成测量记录，对测量数据进行分析，最后由教师进行总结		
实训 步骤	1.确定已知高程点。 2.将塔尺放于已知高程点上读取数值。 3.移动塔尺位置进行高程传递。 4.持续读数和塔尺移动，相继测出各待测点高程。 5.进行往返测量，检核测量结果		
实训 预计成果 （结论）	测量出支水准路线上各待测点的高程		
考核 标准	1.按照指导书完成全部实验过程，考核成绩占 20%。 2.报告内容齐全、完整、准确，考核成绩占 30%。 3.实验/实训达到预计成果（结论），考核成绩占 50%		

支水准路线测设实验报告

所属班级：　　　　　　学生姓名：　　　　　　编制时间：

测站	点号	后视读数	前视读数	高差	修正后高差	高程
1						
2						
3						
4						
5						
6						
7						
8						
9						
10						

2.2 闭合水准路线测设

闭合水准路线测设实训项目任务指导书

所属专业：　　　　　　指导教师：　　　　　　编制序号：测量（二）

实训项目名称	闭合水准路线测设	实训地点	测量实训室
		实训学时	2
适用专业	建设工程管理、建设工程监理、建筑工程技术及其他相近专业		
实训目的	1．练习水准测量中测站和转点的选择、水准尺的立尺方法、测站上的仪器操作。 2．掌握闭合水准路线的观测、记录、计算检核以及集体配合、协调作业的施测过程。 3．掌握高差闭合差的计算方法和分配		
实训任务及要求	1．每组给出已知水准点 BMA 点的高程，给出待测点 B、C、D、E 等。 2．由已知点出发，依次测定各待测点高程，并最终测回 BMA 点进行检核。 3．利用水准仪传递高程，测量的高差闭合差应在允许范围之内		
所需主要仪器设备	水准仪、塔尺、尺垫、记录笔、计算器		
实训组织	学生分组，每组 4～5 人，教师讲解测量要点并进行示范，学生自己动手测量，完成测量记录，对测量数据进行分析，最后由教师进行总结		
实训步骤	1．确定已知高程点。 2．将塔尺放于已知高程点上读取数值。 3．移动塔尺位置进行高程传递。 4．持续读数和塔尺移动，相继测出各待测点高程，并最终测回至已知水准点。 5．检核测量结果		
实训预计成果（结论）	测量出闭合水准路线上各待测点的高程		
考核标准	1．按照指导书完成全部实验过程，考核成绩占 20%。 2．报告内容齐全、完整、准确，考核成绩占 30%。 3．实验/实训达到预计成果（结论），考核成绩占 50%		

闭合水准路线测设实验报告

所属班级：　　　　　　学生姓名：　　　　　　编制时间：

测站	点号	后视读数	前视读数	高差	修正后高差	高程
1						
2						
3						
4						
5						
6						
7						
8						
9						
10						

2.3 自动安平水准仪使用

自动安平水准仪使用实训项目任务指导书

所属专业： 　　　　　指导教师： 　　　　　编制序号：测量（三）

实训项目 名称	自动安平水准仪使用	实训地点	测量实训室
		实训学时	2
适用 专业	建设工程管理、建设工程监理、建筑工程技术及其他相近专业		
实训 目的	1.熟悉自动安平水准仪主要部件名称和作用。 2.掌握粗平、瞄准、读数、扶尺的方法和操作要领。 3.掌握水准仪测量高差的基本步骤		
实训任务 及要求	1.熟悉水准仪基本构造、各部件名称和作用。 2.正确架设三脚架，安置水准仪，进行粗平、瞄准、消除视差等操作。 3.采用双仪器高法进行测量和校核。 4.完成测量原始记录的填写和计算		
所需主要 仪器设备	水准仪、塔尺、尺垫、记录笔、计算器		
实训 组织	学生分组，每组 4～5 人，教师讲解测量要点并进行示范，学生自己动手测量，完成测量记录，对测量数据进行分析，最后由教师进行总结		
实训 步骤	1.安置仪器于三脚架上，保证架设高度适中，架设稳固。 2.调平。即调整圆水准器的气泡居中，使仪器的视线水平。 3.瞄准。即用望远镜准确地瞄准目标。转动目镜调焦螺旋，使十字丝清晰。 4.读数。观察十字丝的中丝在水准尺上的分划位置，读数		
实训 预计成果 （结论）	1.熟悉水准仪的构造及各部件的名称和作用。 2.掌握水准仪的使用方法，能够进行测量和计算高程		
考核 标准	1.按照指导书完成全部实验过程，考核成绩占 20%。 2.报告内容齐全、完整、准确，考核成绩占 30%。 3.实验/实训达到预计成果（结论），考核成绩占 50%		

自动安平水准仪使用实验报告

所属班级：　　　　　学生姓名：　　　　　编制时间：

操作步骤	注意事项					

测站	点号	水准尺读数		高差	平均高差	改正后高差	高程
		后视	前视				
1							
2							
3							
4							
5							

2.4 电子经纬仪使用

电子经纬仪使用实训项目任务指导书

所属专业：　　　　　指导教师：　　　　　编制序号：测量（四）

实训项目名称	电子经纬仪使用	实训地点	测量实训室
		实训学时	2
适用专业	建设工程管理、建设工程监理、建筑工程技术及其他相近专业		
实训目的	1.熟悉电子经纬仪主要部件名称和作用。 2.掌握电子经纬仪正确的开机操作步骤。 3.练习电子经纬仪的对中、整平、照准和读数		
实训任务及要求	1.熟悉电子经纬仪的基本构造、各部件名称和作用。 2.正确架设三脚架，安置电子经纬仪，进行对中、整平等操作。 3.掌握电子经纬仪正确的开机操作步骤，及其显示屏的符号和含义		
所需主要仪器设备	电子经纬仪、记录笔、计算器		
实训组织	学生分组，每组4～5人，教师讲解电子经纬仪使用要点并进行示范，学生自己动手进行操作，熟悉各符号代表的意义，最后由教师进行总结		
实训步骤	1.安置仪器于三脚架上，保证架设高度适中，架设稳固。 2.对中。使用光学对中器对中，使用长水准器精确整平仪器。 3.照准。目镜调整，目标照准。 4.观测		
实训预计成果（结论）	1.熟悉电子经纬仪的构造及各部件的名称和作用。 2.掌握电子经纬仪的基本使用方法		
考核标准	1.按照指导书完成全部实验过程，考核成绩占20%。 2.报告内容齐全、完整、准确，考核成绩占30%。 3.实验/实训达到预计成果（结论），考核成绩占50%		

电子经纬仪使用实验报告

所属专班级：　　　　　　　学生姓名：　　　　　　　编制时间：

一、仪器主要部件名称及功能		
序号	操作部件名称	功能
1		
2		
3		
4		
5		
6		
7		
8		
二、电子经纬仪显示屏的符号及含义		
序号	显示符号	含义
1		
2		
3		
4		
5		
6		
7		
8		

2.5 水平角、垂直角测量

水平角、垂直角测量实训项目任务指导书

所属专业：　　　　　指导教师：　　　　　编制序号：测量（五）

实训项目名称	水平角、垂直角测量	实训地点	测量实训室
		实训学时	2
适用专业	建设工程管理、建设工程监理、建筑工程技术及其他相近专业		
实训目的	1.掌握电子经纬仪的对中、整平、照准和读数的方法。 2.掌握水平角、垂直角的测量方法。 3.正确记录测量结果，掌握计算方法		
实训任务及要求	1.正确架设三脚架，安置电子经纬仪，进行对中、整平等操作。 2.找到需要观测的两点，设置好瞄准标志，按测回法观测水平角，并做好观测记录。 3.找到需要观测的两点，设置好瞄准标志，观测垂直角并做好观测记录		
所需主要仪器设备	电子经纬仪、测钎、标杆、记录笔		
实训组织	学生分组，每组4～5人，教师讲解电子经纬仪使用要点并进行示范，学生自己动手进行操作，测量水平角和垂直角，做好测量记录，最后由教师进行总结		
实训步骤	1.安置电子经纬仪于三脚架上，保证架设高度适中，架设稳固。 2.对中，整平。 3.照准待测点标志，读取数值		
实训预计成果（结论）	1.掌握电子经纬仪的使用方法。 2.能够完成水平角和垂直角的测量		
考核标准	1.按照指导书完成全部实验过程，考核成绩占20%。 2.报告内容齐全、完整、准确，考核成绩占30%。 3.实验/实训达到预计成果（结论），考核成绩占50%		

水平角、垂直角测量实验报告

所属班级：　　　　　　　学生姓名：　　　　　　　编制时间：

一、测回法水平角观测记录					
测站	目标	竖盘位置	水平度盘读数	半测回角值	一测回平均角值
		左			
		右			
		左			
		右			
二、垂直角观测记录					
测站	目标	竖盘	竖盘读数	半测回垂直角	一测回垂直角	垂直角计算公式
		左				
		右				
		左				
		右				
		左				
		右				

2.6　全站仪使用

全站仪使用实训项目任务指导书

所属专业：　　　　　指导教师：　　　　　编制序号：测量（六）

实训项目名称	全站仪使用	实训地点	测量实训室
		实训学时	2
适用专业	建设工程管理、建设工程监理、建筑工程技术及其他相近专业		
实训目的	1.熟悉全站仪的基本结构与性能，各操作部件、螺旋的名称和作用。 2.熟悉面板主要功能。 3.掌握全站仪的基本操作方法		
实训任务及要求	1.熟悉全站仪基本构造、各部件名称和作用。 2.正确架设三脚架，安置全站仪，进行对中、整平等操作。 3.掌握全站仪正确的开机操作步骤，及其显示屏的符号和含义。 4.练习利用全站仪进行角度测量、距离测量、坐标测量等		
所需主要仪器设备	全站仪、辅机棱镜		
实训组织	学生分组，每组 4～5 人，教师讲解全站仪使用要点并进行示范，学生自己动手进行操作，熟悉全站仪显示屏各符号的含义，最后由教师进行总结		
实训步骤	1.取一全站仪进行展示，介绍各个部件名称和作用。 2.展示全站仪对中、调平过程。 3.学生练习全站仪的对中、调平。 4.介绍全站仪的角度测量、距离测量、坐标测量。 5.学生练习		
实训预计成果（结论）	1.熟悉全站仪的构造及各部件的名称和作用。 2.掌握全站仪的基本使用方法		
考核标准	1.按照指导书完成全部实验过程，考核成绩占 20%。 2.报告内容齐全、完整、准确，考核成绩占 30%。 3.实验/实训达到预计成果（结论），考核成绩占 50%		

全站仪使用实验报告

所属班级：　　　　　　　学生姓名：　　　　　　　编制时间：

一、仪器主要部件名称及功能		
序号	操作部件名称	功能
1		
2		
3		
4		
5		
6		
7		
8		

二、全站仪显示屏的符号及含义		
序号	显示符号	含义
1		
2		
3		
4		
5		
6		
7		
8		

2.7 距离丈量和直线定线

距离丈量和直线定线实训项目任务指导书

所属专业： 指导教师： 编制序号:测量（七）

实训项目 名称	距离丈量和直线定线	实训地点	测量实训室
		实训学时	2
适用 专业	建设工程管理、建设工程监理、建筑工程技术及其他相近专业		
实训 目的	1.掌握平坦地面距离丈量的方法。 2.掌握直线定线的方法		
实训任务 及要求	1.熟悉距离丈量经常使用的工具。 2.掌握利用经纬仪进行直线定线的方法。 3.掌握用钢尺进行平坦地面距离丈量的方法		
所需主要 仪器设备	钢卷尺、标杆、测钎、经纬仪		
实训 组织	学生分组，每组5～6人，教师讲解平坦地面距离丈量的方法，学生自己动手进行操作，最后由教师进行总结		
实训 步骤	1.将经纬仪置于直线的一个端点 A，经对中、整平后瞄准另一端点 B，水平制动照准部，指挥在两点间的人员左右移动测钎，确定 A、B 两点之间的直线。 2.进行距离丈量，后尺手持钢尺的末端在起点 A，前尺手持钢尺的前端和一束测钎沿直线方向前进，完成第一尺段的丈量。 3.依次操作，直至直线 AB 的最后一段，读出余长值，并计算出总长。 4.往返丈量，计算量距的相对精度		
实训 预计成果 （结论）	1.掌握经纬仪定线的方法。 2.丈量出平坦地面的距离		
考核 标准	1.按照指导书完成全部实验过程，考核成绩占20%。 2.报告内容齐全、完整、准确，考核成绩占30%。 3.实验/实训达到预计成果（结论），考核成绩占50%		

距离丈量和直线定线实验报告

所属班级：　　　　　　学生姓名：　　　　　　编制时间：

直线编号	测量方向	整尺段长	余长	全长	往返平均值	相对误差
	往					
	返					
	往					
	返					
	往					
	返					
	往					
	返					
	往					
	返					
	往					
	返					

2.8　500 线测设

500 线测设实训项目任务指导书

所属专业：　　　　　　　指导教师：　　　　　　　编制序号：测量（八）

实训项目名称	500 线测设	实训地点	测量实训室
		实训学时	2
适用专业	建设工程管理、建设工程监理、建筑工程技术及其他相近专业		
实训目的	1.掌握水准仪在建筑工程中的实际应用。 2.熟练掌握水准测量中数据的计算		
实训任务及要求	1.根据图纸，计算出待测点的标高。 2.由已知水准点，导出各待测点。 3.熟练掌握水准测量中数据的计算，正确使用水准仪，测量结果精确		
所需主要仪器设备	水准仪、塔尺、尺垫、墨线		
实训组织	学生分组，每组 4～5 人，教师讲解 500 线测设的基本步骤要点并进行示范，学生自己动手进行操作，最后由教师进行总结		
实训步骤	1.在建筑中间位置调平水准仪，找出下层 500 线位置。 2.在图纸上查看层高，导出第一个本层 500 线位置。 3.将塔尺放在 500 线上，查看塔尺读数并记录。 4.将塔尺放在其他柱上，上下移动塔尺，使塔尺读数与记录读数一致。 5.根据实际需要弹出 500 线		
实训预计成果（结论）	1.熟练应用水准仪。 2.能够测设出 500 线		
考核标准	1.按照指导书完成全部实验过程，考核成绩占 20%。 2.报告内容齐全、完整、准确，考核成绩占 30%。 3.实验/实训达到预计成果（结论），考核成绩占 50%		

500 线测设实验报告

所属班级：　　　　　　　学生姓名：　　　　　　　编制时间：

水准点标高	仪器高	待测点标高	水准尺理论读数	实测读数

2.9 楼层轴线的导设

楼层轴线的导设实训项目任务指导书

所属专业：　　　　　　指导教师：　　　　　　编制序号：测量（九）

实训项目名称	楼层轴线的导设	实训地点	测量实训室
		实训学时	2
适用专业	建设工程管理、建设工程监理、建筑工程技术及其他相近专业		
实训目的	1.掌握电子经纬仪在建筑工程中的实际应用。 2.完成楼层间轴线的传递测设		
实训任务及要求	1.识读图纸，明确楼层中主要轴线位置。 2.完成楼层间轴线的传递测设		
所需主要仪器设备	电子经纬仪、钢尺、墨线		
实训组织	学生分组，每组4～5人，教师讲解轴线测设的基本步骤要点并进行示范，学生自己动手进行操作，最后由教师进行总结		
实训步骤	1.将电子经纬仪架设在下层主轴线引出线（为测量方便，一般引出500mm或1000mm）。 2.将主轴线投射到上层楼层。 3.以主轴线为基准，利用电子经纬仪和钢尺测设其他轴线。 4.复核测设结果，精度符合要求后弹墨线		
实训预计成果（结论）	1.熟练应用电子经纬仪、钢尺。 2.能够完成楼层间轴线的传递		
考核标准	1.按照指导书完成全部实验过程，考核成绩占20%。 2.报告内容齐全、完整、准确，考核成绩占30%。 3.实验/实训达到预计成果（结论），考核成绩占50%		

楼层轴线的导设实验报告

所属班级：　　　　　　学生姓名：　　　　　　编制时间：

测设主要操作步骤及注意事项		
序号	操作步骤	注意事项
1		
2		
3		
4		
5		

3 建筑施工技术实训项目

3.1 独立基础钢筋下料与绑扎

独立基础钢筋下料与绑扎实训项目任务指导书

所属专业：　　　　　　指导教师：　　　　　　编制序号：施工-钢筋-1

实训项目名称	独立基础钢筋下料与绑扎	实训地点	实训厂房
		实训学时	2
适用专业	建设工程管理、建设工程监理、工程造价、建筑工程技术及其他相关专业		
实训目的	1.加深对独立基础钢筋工程施工工艺的理解和运用。 2.通过课程设计的实训训练，学生应能掌握独立基础钢筋工程的施工流程、施工操作要点、质量控制点的设置、质量验收程序、质量验收标准、质量验收方法等理论知识及实际操作，并能将理论知识运用到实际操作中		
实训任务及要求	实训任务： 1.完成独立基础(1500mm×1500mm)钢筋下料计算、加工、绑扎成型、质量检验。 2.填写钢筋工程(原料材料加工)检验批质量验收记录、钢筋工程(连接、安装)检验批质量验收记录、钢筋隐蔽工程检查验收记录。 实训要求： 1.钢筋下料计算应准确，下料单应认真填写；钢筋加工准确，符合下料单要求；钢筋绑扎符合验收规范要求，质量验收记录填写认真。 2.课程实训小组应独立完成实训任务，严禁抄袭，培养团队的合作精神及严谨的职业态度		
所需主要仪器设备	某工程独立基础图纸、《混凝土结构施工图平面整体表示方法制图规则和构造详图(独立基础、条形基础、筏形基础及桩基承台)》(11G101—3)(以下简称11G101—3图集)、钢筋切断机、钢筋弯曲机、钢筋断线钳、手工加工箍筋扳子、垫块、铡刀、绑线、钢筋钩子、卷尺、石笔、手套等		

实训组织	学生分组,每组 4～5 人,教师讲解钢筋下料计算要点、钢筋加工及绑扎施工过程、操作要点并进行示范,学生自己动手操作,操作完成后相互点评,最后由教师进行总结
实训步骤	钢筋下料: 1.熟悉图纸及 11G101—3 图集; 2.进行钢筋下料计算,并填写钢筋下料单; 3.钢筋下料加工,检查钢筋加工质量,并填写钢筋工程(原材料、加工)检验批质量验收记录。 钢筋绑扎: 1.在垫层上画出箍筋间距线; 2.按已画好的间距线摆放钢筋并按照规范要求进行绑扎; 3.放置钢筋垫块; 4.进行质量检验并填写钢筋工程(连接、安装)检验批质量验收记录、钢筋隐蔽工程检查验收记录
实训预计成果(结论)	1.独立基础钢筋下料单; 2.绑扎完成且质量合格的独立基础钢筋网; 3.钢筋工程(原材料、加工)检验批质量验收记录; 4.钢筋工程(连接、安装)检验批质量验收记录; 5.钢筋隐蔽工程检查验收记录
考核标准	本实训成绩占期末总成绩一定比例,具体比例由任课教师根据授课情况确定。 1.考勤标准(20%):按时出勤,不迟到、不早退,态度认真,遵守实训纪律。 2.成果标准(50%):钢筋下料单填写准确,钢筋加工、绑扎符合图纸及规范要求。 3.表格质量(30%):按照质量验收规范要求填写,内容准确,字迹工整

独立基础钢筋下料与绑扎实训成果

所属班级：　　　　　　学生姓名：　　　　　　编制时间：

1. 独立基础钢筋下料单（表 3-1）。

表 3-1　　　　　　　　　独立基础钢筋下料单

部位	构件名称	构件数量	钢筋编号	简图	钢筋级别	下料长度	单位根数	合计根数	单根质量	总质量	备注

2. 绑扎完成且质量合格的独立基础钢筋网（图 3-1 仅供参考）。

图 3-1

3. 钢筋工程（原材料、加工）检验批质量验收记录。

4. 钢筋工程（连接、安装）检验批质量验收记录。

5. 钢筋隐蔽工程检查验收记录

DB 21/1234—2003

钢筋工程(原材料、加工)检验批质量验收记录

工程名称			验收部位			
施工单位			项目经理		专业工长	
分包单位			分包负责人		施工班组长	
施工标准及编号					工序自检交接检	
施工技术方案					见证检测报告	

		项目	施工单位检查记录	合格率/%	监理(建设)单位验收记录
主控项目	*1	钢筋质量必须符合有关标准规定			
	*2	钢筋强度比值应满足抗震等级要求			
	3	发现脆断、焊接性能不良、力学性能显著不正常等现象时应进行专项检验			
	4	受力钢筋弯钩角度、弯弧内径、弯后平直长度应符合设计或规范要求			
	5	箍筋端部弯钩的弯折角度、弯弧内径、弯后平直长度应符合设计或规范要求			

		项目	允许偏差/mm	实测偏差/mm 1 2 3 4 5 6 7 8 9 10		
一般项目	1	钢筋应平直,无损伤、油污、老锈				
	2	钢筋调直方法应符合规范要求				
	3	受力钢筋顺长度方向全长净尺寸	±10			
	4	弯起钢筋的弯折位置	±20			
	5	箍筋内净尺寸	±5			

施工单位检查意见	项目专业质量检查员: 　　　　　　　　　　　　　　　　年　月　日
监理(建设)单位核查意见	监理工程师: (建设单位项目专业技术负责人)　　　　　　　　年　月　日

DB 21/1234—2003

钢筋工程(连接、安装)检验批质量验收记录

工程名称			验收部位			
施工单位			项目经理		专业工长	
分包单位			分包负责人		施工班组长	
施工标准及编号					隐蔽工程验收记录	
施工技术方案					见证检测报告	

		项目	施工单位检查记录	合格率/%	监理(建设)单位验收记录
主控项目	*1	钢筋品种、级别、规格、数量、位置必须符合设计文件或设计变更文件要求			
	2	纵向受力钢筋连接方式应符合设计要求			
	3	机械连接、焊接接头力学性能应符合有关规程要求			
一般项目	1	钢筋接头位置应符合规范要求			
	2	机械连接、焊接接头外观质量应符合有关规程要求			
	3	机械连接、焊接接头面积百分率、位置应符合设计或规范要求			
	4	绑扎接头钢筋横向净距、接头面积百分率、搭接长度应符合设计或规范要求			
	5	纵向受力钢筋搭接长度范围内应按设计或规范要求配置箍筋			

		项目		允许偏差/mm	实测偏差/mm											
					1	2	3	4	5	6	7	8	9	10		
一般项目	6	绑扎钢筋网	长、宽	±10												
	7		网眼尺寸	±20												
	8	绑扎钢筋骨架	长	±10												
	9		宽、高	±5												
	10	受力钢筋	间距	±10												
	11		排距	±5												
	12		保护层厚度 基础	±10												
	13		柱、梁	±5												
	14		板、墙、壳	±3												
	15	绑扎箍筋、横向钢筋间距		±20												
	16	钢筋弯起点位置		20												
	17	预埋件	中心线位置	5												
	18		水平高差	+3,0												

施工单位检查评定结果	项目专业质量检查员: 　　　　　　　　　　　　　　　　　年　月　日
监理(建设)单位验收结论	监理工程师: (建设单位项目专业技术负责人) 　　　　　　　　　　　　　　　　　年　月　日

归档编号:C2-5-1-5

钢筋隐蔽工程检查验收记录

工程名称:_____　建设单位:_____　图号:_____

隐蔽部位:_____　施工单位:_____　隐蔽日期:___年___月___日

隐蔽检查内容:

监理工程师验核意见:	试验单、合格证、其他证明文件等编号		
	名称或直径	出厂合格证编号	证明单编号
验核人:			
参加核查人员意见:			
核查人:			

单位工程技术负责人:　　　　　　质量检查员:　　　　　　填表人:

　　注:本表适用于混凝土、钢筋、埋地工程、砌体埋筋、屋面、回填土等工程隐蔽。

3.2 框架柱钢筋下料与绑扎

框架柱钢筋下料与绑扎实训项目任务指导书

所属专业： 指导教师： 编制序号：施工-钢筋-2

实训项目名称	框架柱钢筋下料与绑扎	实训地点	实训厂房
		实训学时	2
适用专业	建设工程管理、建设工程监理、工程造价、建筑工程技术及其他相近专业		
实训目的	1.加深对框架柱钢筋工程施工工艺的理解和运用。 2.通过课程设计的实训训练，学生应能掌握框架柱钢筋工程的施工流程、施工操作要点、质量控制点的设置、质量验收程序、质量验收标准、质量验收方法等理论知识及实际操作，并能将理论知识运用到实际操作中		
实训任务及要求	实训任务： 1.完成框架柱（500mm×500mm×2000mm）钢筋下料计算、加工、绑扎成型、质量检验。 2.填写钢筋工程（原材料、加工）检验批质量验收记录、钢筋工程（连接、安装）检验批质量验收记录、钢筋隐蔽工程检查验收记录。 实训要求： 1.钢筋下料计算应准确，下料单应认真填写；钢筋加工准确，符合下料单要求；钢筋绑扎符合验收规范要求，质量验收记录填写认真。 2.课程实训小组应独立完成实训任务，严禁抄袭，培养团队的合作精神及严谨的职业态度		
所需主要仪器设备	某工程框架柱图纸、《混凝土结构施工图平面整体表示方法制图规则和构造详图（现浇混凝土框架、剪力墙、梁、板）》（11G101—1）（以下简称11G101—1图集）、钢筋切断机、钢筋弯曲机、钢筋断线钳、手工加工箍筋扳子、垫块、铡刀、绑线、钢筋钩子、卷尺、石笔、手套等		
实训组织	学生分组，每组4～5人，教师讲解施工过程及操作要点并进行示范，学生自己动手操作，操作完成后相互点评，最后由教师进行总结		
实训步骤	钢筋下料： 1.熟悉图纸及11G101—1图集； 2.进行钢筋下料计算，并填写钢筋下料单； 3.钢筋下料加工，检查钢筋加工质量，并填写钢筋工程（原材料、加工）检验批质量验收记录。 钢筋绑扎： 1.在柱角筋上画出箍筋间距线； 2.套柱箍筋，将箍筋按已画好的间距线分开并按照规范要求进行绑扎； 3.放置框架柱钢筋垫块； 4.进行质量检验并填写钢筋工程（连接、安装）检验批质量验收记录、钢筋隐蔽工程检查验收记录		
实训预计成果（结论）	1.框架柱钢筋下料单； 2.绑扎完成且质量合格的框架柱钢筋笼； 3.钢筋工程（原材料、加工）检验批质量验收记录； 4.钢筋工程（连接、安装）检验批质量验收记录； 5.钢筋隐蔽工程检查验收记录		

考核标准	本实训成绩占期末总成绩一定比例,具体比例由任课教师根据授课情况确定。 　1.考勤标准(20%):按时出勤,不迟到、不早退,态度认真,遵守实训纪律。 　2.成果标准(50%):钢筋下料单填写准确,钢筋加工、绑扎符合图纸及规范要求。 　3.表格质量(30%):按照质量验收规范要求填写,内容准确,字迹工整

框架柱钢筋下料与绑扎实训成果

所属班级:　　　　　　　学生姓名:　　　　　　　编制时间:

1.框架柱钢筋下料单(表 3-2)。

表 3-2　　　　　　　　　　框架柱钢筋下料单

部位	构件名称	构件数量	钢筋编号	简图	钢筋级别	下料长度	单位根数	合计根数	单根质量	总质量	备注

2.绑扎完成且质量合格的框架柱钢筋骨架(图 3-2 仅供参考)。

图 3-2

3.钢筋工程(原材料、加工)检验批质量验收记录。

4.钢筋工程(连接、安装)检验批质量验收记录。

5.钢筋隐蔽工程检查验收记录

DB 21/1234—2003

钢筋工程(原材料、加工)检验批质量验收记录

工程名称				验收部位			
施工单位				项目经理		专业工长	
分包单位				分包负责人		施工班组长	
施工标准及编号						工序自检交接检	
施工技术方案						见证检测报告	

		项目	施工单位检查记录	合格率/%	监理(建设)单位验收记录
主控项目	*1	钢筋质量必须符合有关标准规定			
	*2	钢筋强度比值应满足抗震等级要求			
	3	发现脆断、焊接性能不良、力学性能显著不正常等现象时应进行专项检验			
	4	受力钢筋弯钩角度、弯弧内径、弯后平直长度应符合设计或规范要求			
	5	箍筋端部弯钩的弯折角度、弯弧内径、弯后平直长度应符合设计或规范要求			

		项目		允许偏差/mm	实测偏差/mm											
一般项目	1	钢筋应平直,无损伤、油污、老锈														
	2	钢筋调直方法应符合规范要求														
					1	2	3	4	5	6	7	8	9	10		
	3	受力钢筋顺长度方向全长净尺寸		±10												
	4	弯起钢筋的弯折位置		±20												
	5	箍筋内净尺寸		±5												

施工单位检查意见	项目专业质量检查员:	年　　月　　日
监理(建设)单位核查意见	监理工程师: (建设单位项目专业技术负责人)	年　　月　　日

DB 21/1234—2003

钢筋工程(连接、安装)检验批质量验收记录

工程名称				验收部位			
施工单位				项目经理		专业工长	
分包单位				分包负责人		施工班组长	
施工标准及编号						隐蔽工程验收记录	
施工技术方案						见证检测报告	

		项目		施工单位检查记录	合格率/%	监理(建设)单位验收记录
主控项目	*1	钢筋品种、级别、规格、数量、位置必须符合设计文件或设计变更文件要求				
	2	纵向受力钢筋连接方式应符合设计要求				
	3	机械连接、焊接接头力学性能应符合有关规程要求				
一般项目	1	钢筋接头位置应符合规范要求				
	2	机械连接、焊接接头外观质量应符合有关规程要求				
	3	机械连接、焊接接头面积百分率、位置应符合设计或规范要求				
	4	绑扎接头钢筋横向净距、接头面积百分率、搭接长度应符合设计或规范要求				
	5	纵向受力钢筋搭接长度范围内应按设计或规范要求配置箍筋				

		项目		允许偏差/mm	实测偏差/mm 1 2 3 4 5 6 7 8 9 10		
一般项目	6	绑扎钢筋网	长、宽	±10			
	7		网眼尺寸	±20			
	8	绑扎钢筋骨架	长	±10			
	9		宽、高	±5			
	10	受力钢筋	间距	±10			
	11		排距	±5			
	12		保护层厚度 基础	±10			
	13		柱、梁	±5			
	14		板、墙、壳	±3			
	15	绑扎箍筋、横向钢筋间距		±20			
	16	钢筋弯起点位置		20			
	17	预埋件	中心线位置	5			
	18		水平高差	+3,0			

施工单位检查评定结果	项目专业质量检查员: 　　　　　　　　　　　　　　　　年　月　日
监理(建设)单位验收结论	监理工程师: (建设单位项目专业技术负责人) 　　　　　　　　　　　　　　　　年　月　日

归档编号：C2-5-1-5

钢筋隐蔽工程检查验收记录

工程名称：＿＿＿＿＿＿＿＿　　建设单位：＿＿＿＿＿＿＿＿　　图号：＿＿＿＿＿＿＿＿

隐蔽部位：＿＿＿＿＿＿＿＿　　施工单位：＿＿＿＿＿＿＿＿　　隐蔽日期：＿＿年＿＿月＿＿日

隐蔽检查内容：			
监理工程师验核意见： 验核人：	试验单、合格证、其他证明文件等编号		
	名称或直径	出厂合格证编号	证明单编号
参加核查人员意见： 核查人：			

单位工程技术负责人：　　　　　　质量检查员：　　　　　　填表人：

注：本表适用于混凝土、钢筋、埋地工程、砌体埋筋、屋面、回填土等工程隐蔽。

3.3　框架梁钢筋下料与绑扎

框架梁钢筋下料与绑扎实训项目任务指导书

所属专业：　　　　　指导教师：　　　　　编制序号：施工-钢筋-3

实训项目名称	框架梁钢筋下料与绑扎	实训地点	实训厂房
		实训学时	2
适用专业	建设工程管理、建设工程监理、工程造价、建筑工程技术及其他相近专业		
实训目的	1.加深对框架梁钢筋工程施工工艺的理解和运用。 2.通过课程设计的实训训练，学生应能掌握框架梁钢筋工程的施工流程、施工操作要点、质量控制点的设置、质量验收程序、质量验收标准、质量验收方法等理论知识及实际操作，并能将理论知识运用到实际操作中		
实训任务及要求	实训任务： 1.完成框架梁(300mm×500mm×5000mm)钢筋下料计算、加工、绑扎成型、质量检验。 2.填写钢筋工程(原材料、加工)检验批质量验收记录、钢筋工程(连接、安装)检验批质量验收记录、钢筋隐蔽工程检查验收记录。 实训要求： 1.钢筋下料计算应准确，下料单应认真填写；钢筋加工准确，符合下料单要求；钢筋绑扎符合验收规范要求，质量验收记录填写认真。 2.课程实训小组应独立完成实训任务，严禁抄袭，培养团队的合作精神及严谨的职业态度		
所需主要仪器设备	某工程框架梁图纸、11G101—1图集、钢筋切断机、钢筋弯曲机、钢筋断线钳、手工加工箍筋扳子、垫块、铡刀、绑线、钢筋钩子、卷尺、石笔、手套等		
实训组织	学生分组，每组4～5人，教师讲解施工过程及操作要点并进行示范，学生自己动手操作，操作完成后相互点评，最后由教师进行总结		
实训步骤	钢筋下料： 1.熟悉图纸及11G101—1图集； 2.进行钢筋下料计算，并填写钢筋下料单； 3.钢筋下料加工，检查钢筋加工质量，并填写钢筋工程(原材料、加工)检验批质量验收记录。 钢筋绑扎： 1.摆好上部受力筋、下部受力筋，画出箍筋间距线，套好箍筋； 2.将箍筋按已画好的间距逐个分开并按照规范要求与上部钢筋进行绑扎； 3.将箍筋与下部受力筋、侧面构造钢筋绑扎，放置框架梁钢筋垫块； 4.进行质量检验并填写钢筋工程(连接、安装)检验批质量验收记录、钢筋隐蔽工程检查验收记录		
实训预计成果(结论)	1.框架梁钢筋下料单； 2.绑扎完成且质量合格的框架梁钢筋笼； 3.钢筋工程(原材料、加工)检验批质量验收记录； 4.钢筋工程(连接、安装)检验批质量验收记录； 5.钢筋隐蔽工程检查验收记录		

续表

考核标准	本实训成绩占期末总成绩一定比例,具体比例由任课教师根据授课情况确定。 　1.考勤标准(20%):能够按时出勤,不迟到、不早退,态度认真,遵守实训纪律。 　2.成果标准(50%):钢筋下料单填写准确,钢筋加工、绑扎符合图纸及规范要求。 　3.表格质量(30%):按照质量验收规范要求填写,内容准确,字迹工整

框架梁钢筋下料与绑扎实训成果

所属班级：　　　　　　　　学生姓名：　　　　　　　　编制时间：

1.框架梁钢筋下料单(表3-3)。

表3-3　　　　　　　　　　　　　框架梁钢筋下料单

部位	构件名称	构件数量	钢筋编号	简图	钢筋级别	下料长度	单位根数	合计根数	单根质量	总质量	备注

2.绑扎完成且质量合格的框架梁钢筋骨架(图3-3仅供参考)。

图3-3

3.钢筋工程(原材料、加工)检验批质量验收记录。

4.钢筋工程(连接、安装)检验批质量验收记录。

5.钢筋隐蔽工程检查验收记录

钢筋工程(原材料、加工)检验批质量验收记录

工程名称			验收部位			
施工单位			项目经理		专业工长	
分包单位			分包负责人		施工班组长	
施工标准及编号					工序自检交接检	
施工技术方案					见证检测报告	

		项目		施工单位检查记录	合格率/%	监理(建设)单位验收记录
主控项目	*1	钢筋质量必须符合有关标准规定				
	*2	钢筋强度比值应满足抗震等级要求				
	3	发现脆断、焊接性能不良、力学性能显著不正常等现象时应进行专项检验				
	4	受力钢筋弯钩角度、弯弧内径、弯后平直长度应符合设计或规范要求				
	5	箍筋端部弯钩的弯折角度、弯弧内径、弯后平直长度应符合设计或规范要求				
一般项目	1	钢筋应平直,无损伤、油污、老锈				
	2	钢筋调直方法应符合规范要求				

		项目	允许偏差/mm	实测偏差/mm												
一般项目				1	2	3	4	5	6	7	8	9	10			
	3	受力钢筋顺长度方向全长净尺寸	±10													
	4	弯起钢筋的弯折位置	±20													
	5	箍筋内净尺寸	±5													

施工单位检查意见	项目专业质量检查员: 年　月　日
监理(建设)单位核查意见	监理工程师: (建设单位项目专业技术负责人) 年　月　日

DB 21/1234—2003

钢筋工程(连接、安装)检验批质量验收记录

工程名称				验收部位												
施工单位				项目经理							专业工长					
分包单位				分包负责人							施工班组长					
施工标准及编号											隐蔽工程验收记录					
施工技术方案											见证检测报告					

		项目		施工单位检查记录								合格率/%			监理(建设)单位验收记录	
主控项目	*1	钢筋品种、级别、规格、数量、位置必须符合设计文件或设计变更文件要求														
	2	纵向受力钢筋连接方式应符合设计要求														
	3	机械连接、焊接接头力学性能应符合有关规程要求														
一般项目	1	钢筋接头位置应符合规范要求														
	2	机械连接、焊接接头外观质量应符合有关规程要求														
	3	机械连接、焊接接头面积百分率、位置应符合设计或规范要求														
	4	绑扎接头钢筋横向净距、接头面积百分率、搭接长度应符合设计或规范要求														
	5	纵向受力钢筋搭接长度范围内应按设计或规范要求配置箍筋														

		项目			允许偏差/mm	实测偏差/mm										
						1	2	3	4	5	6	7	8	9	10	
	6	绑扎钢筋网	长、宽		±10											
	7		网眼尺寸		±20											
	8	绑扎钢筋骨架	长		±10											
	9		宽、高		±5											
	10	受力钢筋	间距		±10											
	11		排距		±5											
	12		保护层厚度	基础	±10											
	13			柱、梁	±5											
	14			板、墙、壳	±3											
	15	绑扎箍筋、横向钢筋间距			±20											
	16	钢筋弯起点位置			20											
	17	预埋件	中心线位置		5											
	18		水平高差		+3,0											

施工单位检查评定结果	项目专业质量检查员:		年　月　日
监理(建设)单位验收结论	监理工程师:(建设单位项目专业技术负责人)		年　月　日

归档编号:C2-5-1-5

钢筋隐蔽工程检查验收记录

工程名称:＿＿＿＿＿＿＿ 建设单位:＿＿＿＿＿＿＿ 图号:＿＿＿＿＿＿＿

隐蔽部位:＿＿＿＿＿＿＿ 施工单位:＿＿＿＿＿＿＿ 隐蔽日期:＿＿年＿＿月＿＿日

隐蔽检查内容:			
监理工程师验核意见: 验核人:	试验单、合格证、其他证明文件等编号		
	名称或直径	出厂合格证编号	证明单编号
参加核查人员意见: 核查人:			

单位工程技术负责人:＿＿＿＿＿ 质量检查员:＿＿＿＿＿ 填表人:＿＿＿＿＿

注:本表适用于混凝土、钢筋、埋地工程、砌体埋筋、屋面、回填土等工程隐蔽。

3.4　楼板钢筋下料与绑扎

楼板钢筋下料与绑扎实训项目任务指导书

所属专业：　　　　　　指导教师：　　　　　　编制序号：施工-钢筋-4

实训项目 名称	楼板钢筋下料与绑扎	实训地点	实训厂房
		实训学时	2
适用 专业	建设工程管理、建设工程监理、工程造价、建筑工程技术及其他相近专业		
实训 目的	1.加深对楼板钢筋工程施工工艺的理解和运用。 2.通过课程设计的实训训练，学生应能掌握楼板钢筋工程的施工流程、施工操作要点、质量控制点的设置、质量验收程序、质量验收标准、质量验收方法等理论知识及实际操作，并能将理论知识运用到实际操作中		
实训任务 及要求	实训任务： 1.完成楼板（3000mm×3000mm）钢筋下料计算、加工、绑扎成型、质量检验。 2.填写钢筋工程（原材料、加工）检验批质量验收记录、钢筋工程（连接、安装）检验批质量验收记录、钢筋隐蔽工程检查验收记录。 实训要求： 1.钢筋下料计算应准确，下料单应认真填写；钢筋加工准确，符合下料单要求；钢筋绑扎符合验收规范要求，质量验收记录填写认真。 2.课程实训小组应独立完成实训任务，严禁抄袭，培养团队的合作精神及严谨的职业态度		
所需主要 仪器设备	某工程楼板图纸、11G101—1图集、钢筋切断机、钢筋弯曲机、钢筋断线钳、手工加工箍筋扳子、垫块、锄刀、绑线、钢筋钩子、卷尺、石笔、手套等		
实训 组织	学生分组，每组4～5人，教师讲解施工过程及操作要点并进行示范，学生自己动手操作，操作完成后相互点评，最后由教师进行总结		
实训 步骤	钢筋下料： 1.熟悉图纸及11G101—1图集； 2.进行钢筋下料计算，并填写钢筋下料单； 3.钢筋下料加工，检查钢筋加工质量，并填写钢筋工程（原材料、加工）检验批质量验收记录。 钢筋绑扎： 1.在模板上画出箍筋间距线； 2.按已画好的间距线摆放钢筋并按照规范要求进行绑扎； 3.放置楼板钢筋垫块； 4.进行质量检验并填写钢筋工程（连接、安装）检验批质量验收记录、钢筋隐蔽工程检查验收记录		
实训 预计成果 （结论）	1.楼板钢筋下料单； 2.绑扎完成且质量合格的楼板钢筋网； 3.钢筋工程（原材料、加工）检验批质量验收记录； 4.钢筋工程（连接、安装）检验批质量验收记录； 5.钢筋隐蔽工程检查验收记录		

考核标准	本实训成绩占期末总成绩一定比例,具体比例由任课教师根据授课情况确定。 1.考勤标准(20%):能够按时出勤,不迟到、不早退,态度认真,遵守实训纪律。 2.成果标准(50%):钢筋下料单填写准确,钢筋加工、绑扎符合图纸要求。 3.表格质量(30%):按照质量验收规范要求填写,内容准确,字迹工整

楼板钢筋下料与绑扎实训成果

所属班级:　　　　　　　学生姓名:　　　　　　　　编制时间:

1.楼板钢筋下料单(表 3-4)。

表 3-4　　　　　　　　　　　　　　楼板钢筋下料单

部位	构件名称	构件数量	钢筋编号	简图	钢筋级别	下料长度	单位根数	合计根数	单根质量	总质量	备注

2.绑扎完成且质量合格的楼板钢筋网(图 3-4 仅供参考)。

图 3-4

3.钢筋工程(原材料、加工)检验批质量验收记录。

4.钢筋工程(连接、安装)检验批质量验收记录。

5.钢筋隐蔽工程检查验收记录

钢筋工程(原材料、加工)检验批质量验收记录

工程名称			验收部位										
施工单位			项目经理					专业工长					
分包单位			分包负责人					施工班组长					
施工标准及编号								工序自检交接检					
施工技术方案								见证检测报告					

		项目		施工单位检查记录							合格率/%		监理(建设)单位验收记录
主控项目	*1	钢筋质量必须符合有关标准规定											
	*2	钢筋强度比值应满足抗震等级要求											
	3	发现脆断、焊接性能不良、力学性能显著不正常等现象时应进行专项检验											
	4	受力钢筋弯钩角度、弯弧内径、弯后平直长度应符合设计或规范要求											
	5	箍筋端部弯钩的弯折角度、弯弧内径、弯后平直长度应符合设计或规范要求											
一般项目	1	钢筋应平直,无损伤、油污、老锈											
	2	钢筋调直方法应符合规范要求											

		项目	允许偏差/mm	实测偏差/mm										监理(建设)单位验收记录
				1	2	3	4	5	6	7	8	9	10	
	3	受力钢筋顺长度方向全长净尺寸	±10											
	4	弯起钢筋的弯折位置	±20											
	5	箍筋内净尺寸	±5											

施工单位检查意见	项目专业质量检查员: 年 月 日
监理(建设)单位核查意见	监理工程师: (建设单位项目专业技术负责人) 年 月 日

钢筋工程(连接、安装)检验批质量验收记录

工程名称					验收部位									
施工单位					项目经理						专业工长			
分包单位					分包负责人						施工班组长			
施工标准及编号											隐蔽工程验收记录			
施工技术方案											见证检测报告			

		项目			施工单位检查记录				合格率/%		监理(建设)单位验收记录			
主控项目	*1	钢筋品种、级别、规格、数量、位置必须符合设计文件或设计变更文件要求												
	2	纵向受力钢筋连接方式应符合设计要求												
	3	机械连接、焊接接头力学性能应符合有关规程要求												
一般项目	1	钢筋接头位置应符合规范要求												
	2	机械连接、焊接接头外观质量应符合有关规程要求												
	3	机械连接、焊接接头面积百分率、位置应符合设计或规范要求												
	4	绑扎接头钢筋横向净距、接头面积百分率、搭接长度应符合设计或规范要求												
	5	纵向受力钢筋搭接长度范围内应按设计或规范要求配置箍筋												

		项目		允许偏差/mm	实测偏差/mm										合格率/%	监理(建设)单位验收记录
一般项目					1	2	3	4	5	6	7	8	9	10		
	6	绑扎钢筋网	长、宽	±10												
	7		网眼尺寸	±20												
	9	绑扎钢筋骨架	长	±10												
	10		宽、高	±5												
	10	受力钢筋	间距	±10												
	11		排距	±5												
	12		保护层厚度	基础	±10											
	13			柱、梁	±5											
	14			板、墙、壳	±3											
	15	绑扎箍筋、横向钢筋间距		±20												
	16	钢筋弯起点位置		20												
	17	预埋件	中心线位置	5												
	18		水平高差	+3,0												

施工单位检查评定结果	项目专业质量检查员:		年 月 日
监理(建设)单位验收结论	监理工程师: (建设单位项目专业技术负责人)		年 月 日

归档编号：C2-5-1-5

钢筋隐蔽工程检查验收记录

工程名称：_____ 建设单位：_____ 图号：_____

隐蔽部位：_____ 施工单位：_____ 隐蔽日期：___年___月___日

隐蔽检查内容：			
监理工程师验核意见：	试验单、合格证、其他证明文件等编号		
	名称或直径	出厂合格证编号	证明单编号
验核人：			
参加核查人员意见：			
核查人：			

单位工程技术负责人：_____ 质量检查员：_____ 填表人：_____

注：本表适用于混凝土、钢筋、埋地工程、砌体埋筋、屋面、回填土等工程隐蔽。

3.5 楼梯钢筋下料与绑扎

楼梯钢筋下料与绑扎实训项目任务指导书

所属专业：　　　　　　指导教师：　　　　　　编制序号：施工-钢筋-5

实训项目名称	楼梯钢筋下料与绑扎	实训地点	实训厂房
		实训学时	2
适用专业	建设工程管理、建设工程监理、工程造价、建筑工程技术及其他相近专业		
实训目的	1.加深对楼梯钢筋工程施工工艺的理解和运用。 2.通过课程设计的实训训练，学生应能掌握钢筋工程的施工流程、施工操作要点、质量控制点的设置、质量验收程序、质量验收标准、质量验收方法等理论知识及实际操作，并能将理论知识运用到实际操作中		
实训任务及要求	实训任务： 1.完成楼梯(双跑)钢筋下料计算、加工、绑扎成型、质量检验。 2.填写钢筋工程(原材料、加工)检验批质量验收记录、钢筋工程(连接、安装)检验批质量验收记录、钢筋隐蔽工程检查验收记录。 实训要求： 1.钢筋下料计算应准确，下料单应认真填写；钢筋加工准确，符合下料单要求；钢筋绑扎符合验收规范要求，质量验收记录填写认真。 2.课程实训小组应独立完成实训任务，严禁抄袭，培养团队的合作精神及严谨的职业态度		
所需主要仪器设备	某工程楼梯图纸、《混凝土结构施工图平面整体表示方法制图规则和构造详图(现浇混凝土板式楼梯)》(11G101—2)(以下简称11G101—2图集)、钢筋切断机、钢筋弯曲机、钢筋断线钳、手工加工箍筋扳子、垫块、铡刀、绑线、钢筋钩子、卷尺、石笔、手套等		
实训组织	学生分组，每组4～5人，教师讲解施工过程及操作要点并进行示范，学生自己动手操作，操作完成后相互点评，最后由教师进行总结		
实训步骤	钢筋下料： 1.熟悉图纸及11G101—2图集； 2.进行钢筋下料计算，并填写钢筋下料单； 3.钢筋下料加工，检查钢筋加工质量，并填写钢筋工程(原材料、加工)检验批质量验收记录。 钢筋绑扎： 1.在模板上画出底部钢筋间距线； 2.按已画好的间距线摆放钢筋并按照规范要求进行绑扎，并放置垫块； 3.进行质量检验并填写钢筋工程(连接、安装)检验批质量验收记录、钢筋隐蔽工程检查验收记录		
实训预计成果(结论)	1.楼梯钢筋下料单； 2.绑扎完成且质量合格的楼梯钢筋； 3.钢筋工程(原材料、加工)检验批质量验收记录； 4.钢筋工程(连接、安装)检验批质量验收记录； 5.钢筋隐蔽工程检查验收记录		

续表

考核标准	本实训成绩占期末总成绩一定比例,具体比例由任课教师根据授课情况确定。 1.考勤标准(20%):能够按时出勤,不迟到、不早退,态度认真遵守实训纪律。 2.成果标准(50%):钢筋下料单填写准确,钢筋加工绑扎符合要求。 3.表格质量(30%):按照质量验收规范要求填写,内容准确,字迹工整

楼梯钢筋下料与绑扎实训成果

所属班级:　　　　　　　学生姓名:　　　　　　　编制时间:

1.楼梯钢筋下料单(表 3-5)。

表 3-5　　　　　　　　　　楼梯钢筋下料单

部位	构件名称	构件数量	钢筋编号	简图	钢筋级别	下料长度	单位根数	合计根数	单根质量	总质量	备注

2.绑扎完成且质量合格的楼梯钢筋(图 3-5 仅供参考)。

图 3-5

3.钢筋工程(原材料、加工)检验批质量验收记录。

4.钢筋工程(连接、安装)检验批质量验收记录。

5.钢筋隐蔽工程检查验收记录

DB 21/1234—2003

钢筋工程(原材料、加工)检验批质量验收记录

工程名称			验收部位			
施工单位			项目经理		专业工长	
分包单位			分包负责人		施工班组长	
施工标准及编号					工序自检交接检	
施工技术方案					见证检测报告	

		项目	施工单位检查记录	合格率/%	监理(建设)单位验收记录
主控项目	*1	钢筋质量必须符合有关标准规定			
	*2	钢筋强度比值应满足抗震等级要求			
	3	发现脆断、焊接性能不良、力学性能显著不正常等现象时应进行专项检验			
	4	受力钢筋弯钩角度、弯弧内径、弯后平直长度应符合设计或规范要求			
	5	箍筋端部弯钩的弯折角度、弯弧内径、弯后平直长度应符合设计或规范要求			
一般项目	1	钢筋应平直,无损伤、油污、老锈			
	2	钢筋调直方法应符合规范要求			

		项目	允许偏差/mm	实测偏差/mm												
				1	2	3	4	5	6	7	8	9	10			
一般项目	3	受力钢筋顺长度方向全长净尺寸	±10													
	4	弯起钢筋的弯折位置	±20													
	5	箍筋内净尺寸	±5													

施工单位检查意见	项目专业质量检查员： 　　　　　　　　　　　　　　　　　　　年　　月　　日
监理(建设)单位核查意见	监理工程师： (建设单位项目专业技术负责人) 　　　　　　　　　　　　　　　　　　　年　　月　　日

钢筋工程(连接、安装)检验批质量验收记录

工程名称				验收部位				
施工单位				项目经理			专业工长	
分包单位				分包负责人			施工班组长	
施工标准及编号				隐蔽工程验收记录				
施工技术方案				见证检测报告				

<table>
<tr><td colspan="4" rowspan="2">项目</td><td colspan="2" rowspan="2">施工单位检查记录</td><td rowspan="2">合格率/%</td><td colspan="2" rowspan="2">监理(建设)单位验收记录</td></tr>
<tr></tr>
<tr><td rowspan="3">主控项目</td><td>*1</td><td colspan="2">钢筋品种、级别、规格、数量、位置必须符合设计文件或设计变更文件要求</td><td colspan="2"></td><td></td><td colspan="2"></td></tr>
<tr><td>2</td><td colspan="2">纵向受力钢筋连接方式应符合设计要求</td><td colspan="2"></td><td></td><td colspan="2"></td></tr>
<tr><td>3</td><td colspan="2">机械连接、焊接接头力学性能应符合有关规程要求</td><td colspan="2"></td><td></td><td colspan="2"></td></tr>
<tr><td rowspan="22">一般项目</td><td>1</td><td colspan="2">钢筋接头位置应符合规范要求</td><td colspan="2"></td><td></td><td colspan="2"></td></tr>
<tr><td>2</td><td colspan="2">机械连接、焊接接头外观质量应符合有关规程要求</td><td colspan="2"></td><td></td><td colspan="2"></td></tr>
<tr><td>3</td><td colspan="2">机械连接、焊接接头面积百分率、位置应符合设计或规范要求</td><td colspan="2"></td><td></td><td colspan="2"></td></tr>
<tr><td>4</td><td colspan="2">绑扎接头钢筋横向净距、接头面积百分率、搭接长度应符合设计或规范要求</td><td colspan="2"></td><td></td><td colspan="2"></td></tr>
<tr><td>5</td><td colspan="2">纵向受力钢筋搭接长度范围内应按设计或规范要求配置箍筋</td><td colspan="2"></td><td></td><td colspan="2"></td></tr>
<tr><td colspan="3" rowspan="2">项目</td><td rowspan="2">允许偏差/mm</td><td colspan="2">实测偏差/mm</td><td rowspan="2" colspan="3"></td></tr>
<tr><td colspan="2">1 2 3 4 5 6 7 8 9 10</td></tr>
<tr><td>6</td><td rowspan="2">绑扎钢筋网</td><td>长、宽</td><td>±10</td><td colspan="2"></td><td colspan="3"></td></tr>
<tr><td>7</td><td>网眼尺寸</td><td>±20</td><td colspan="2"></td><td colspan="3"></td></tr>
<tr><td>8</td><td rowspan="2">绑扎钢筋骨架</td><td>长</td><td>±10</td><td colspan="2"></td><td colspan="3"></td></tr>
<tr><td>9</td><td>宽、高</td><td>±5</td><td colspan="2"></td><td colspan="3"></td></tr>
<tr><td>10</td><td rowspan="5">受力钢筋</td><td colspan="2" style="text-align:center">间距 ±10</td><td colspan="2"></td><td colspan="3"></td></tr>
<tr><td>11</td><td colspan="2" style="text-align:center">排距 ±5</td><td colspan="2"></td><td colspan="3"></td></tr>
<tr><td>12</td><td rowspan="3">保护层厚度</td><td>基础 ±10</td><td colspan="2"></td><td colspan="3"></td></tr>
<tr><td>13</td><td>柱、梁 ±5</td><td colspan="2"></td><td colspan="3"></td></tr>
<tr><td>14</td><td>板、墙、壳 ±3</td><td colspan="2"></td><td colspan="3"></td></tr>
<tr><td>15</td><td colspan="2">绑扎箍筋、横向钢筋间距</td><td>±20</td><td colspan="2"></td><td colspan="3"></td></tr>
<tr><td>16</td><td colspan="2">钢筋弯起点位置</td><td>20</td><td colspan="2"></td><td colspan="3"></td></tr>
<tr><td>17</td><td rowspan="2">预埋件</td><td>中心线位置</td><td>5</td><td colspan="2"></td><td colspan="3"></td></tr>
<tr><td>18</td><td>水平高差</td><td>+3,0</td><td colspan="2"></td><td colspan="3"></td></tr>
</table>

施工单位检查评定结果	项目专业质量检查员:	年 月 日
监理(建设)单位验收结论	监理工程师: (建设单位项目专业技术负责人)	年 月 日

归档编号:C2-5-1-5

钢筋隐蔽工程检查验收记录

工程名称:_____ 建设单位:_____ 图号:_____

隐蔽部位:_____ 施工单位:_____ 隐蔽日期:___年___月___日

隐蔽检查内容:

监理工程师验核意见:	试验单、合格证、其他证明文件等编号		
	名称或直径	出厂合格证编号	证明单编号
验核人:			
参加核查人员意见:			
核查人:			

单位工程技术负责人: 质量检查员: 填表人:

注:本表适用于混凝土、钢筋、埋地工程、砌体埋筋、屋面、回填土等工程隐蔽。

3.6 剪力墙钢筋下料与绑扎

剪力墙钢筋下料与绑扎实训项目任务指导书

所属专业： 指导教师： 编制序号：施工-钢筋-6

实训项目名称	剪力墙钢筋下料与绑扎	实训地点	实训厂房
		实训学时	2
适用专业	建设工程管理、建设工程监理、工程造价、建筑工程技术		
实训目的	1.加深对剪力墙钢筋工程施工工艺的理解和运用。 2.通过课程设计的实训训练，学生应能掌握剪力墙钢筋工程的施工流程、施工操作要点、质量控制点的设置、质量验收程序、质量验收标准、质量验收方法等理论知识及实际操作，并能将理论知识运用到实际操作中		
实训任务及要求	实训任务： 1.完成剪力墙(200mm×3000mm×2000mm)钢筋下料计算、加工、绑扎成型、质量检验。 2.填写钢筋工程(原材料、加工)检验批质量验收记录、钢筋工程(连接、安装)检验批质量验收记录、钢筋隐蔽工程检查验收记录。 实训要求： 1.钢筋下料计算应准确，下料单应认真填写；钢筋加工准确，符合下料单要求；钢筋绑扎符合验收规范要求，质量验收记录填写认真。 2.课程实训小组应独立完成实训任务，严禁抄袭，培养团队的合作精神及严谨的职业态度		
所需主要仪器设备	某工程剪力墙图纸、11G101—1图集、钢筋切断机、钢筋弯曲机、钢筋断线钳、手工加工箍筋扳子、垫块、铡刀、绑线、钢筋钩子、卷尺、石笔、手套等		
实训组织	学生分组，每组4～5人，教师讲解施工过程及操作要点并进行示范，学生自己动手操作，操作完成后相互点评，最后由教师进行总结		
实训步骤	钢筋下料： 1.熟悉图纸及11G101—1图集； 2.进行钢筋下料计算，并填写钢筋下料单； 3.钢筋下料加工，检查钢筋加工质量，并填写钢筋工程(原材料、加工)检验批质量验收记录。 钢筋绑扎： 1.绑扎纵向钢筋，在纵向钢筋上画出水平钢筋间距线； 2.按照钢筋间距线绑扎水平钢筋； 3.放置剪力墙钢筋垫块； 4.进行质量检验并填写钢筋工程(连接、安装)检验批质量验收记录、钢筋隐蔽工程检查验收记录		
实训预计成果(结论)	1.剪力墙钢筋下料单； 2.绑扎完成且质量合格的剪力墙钢筋网； 3.钢筋工程(原材料、加工)检验批质量验收记录； 4.钢筋工程(连接、安装)检验批质量验收记录； 5.钢筋隐蔽工程检查验收记录		

考核标准	本实训成绩占期末总成绩一定比例,具体比例由任课教师根据授课情况确定。 1.考勤标准(20%):能够按时出勤,不迟到、不早退,态度认真,遵守实训纪律。 2.成果标准(50%):钢筋下料单填写准确,钢筋加工、绑扎符合图纸及规范要求。 3.表格质量(30%):按照质量验收规范要求填写,内容准确,字迹工整

剪力墙钢筋下料与绑扎实训成果

所属班级:　　　　　　学生姓名:　　　　　　　编制时间:

1.剪力墙钢筋下料单(表 3-6)。

表 3-6　　　　　　　　　　剪力墙钢筋下料单

部位	构件名称	构件数量	钢筋编号	简图	钢筋级别	下料长度	单位根数	合计根数	单根质量	总质量	备注

2.绑扎完成且质量合格的剪力墙钢筋网(图 3-6 仅供参考)。

图 3-6

3.钢筋工程(原材料、加工)检验批质量验收记录。

4.钢筋工程(连接、安装)检验批质量验收记录。

5.钢筋隐蔽工程检查验收记录

DB 21/1234—2003

钢筋工程(原材料、加工)检验批质量验收记录

工程名称				验收部位				
施工单位				项目经理			专业工长	
分包单位				分包负责人			施工班组长	
施工标准及编号							工序自检交接检	
施工技术方案							见证检测报告	

		项目	施工单位检查记录	合格率/%	监理(建设)单位验收记录
主控项目	*1	钢筋质量必须符合有关标准规定			
	*2	钢筋强度比值应满足抗震等级要求			
	3	发现脆断、焊接性能不良、力学性能显著不正常等现象时应进行专项检验			
	4	受力钢筋弯钩角度、弯弧内径、弯后平直长度应符合设计或规范要求			
	5	箍筋端部弯钩的弯折角度、弯弧内径、弯后平直长度应符合设计或规范要求			

		项目	允许偏差/mm	实测偏差/mm												
一般项目	1	钢筋应平直,无损伤、油污、老锈														
	2	钢筋调直方法应符合规范要求														
				1	2	3	4	5	6	7	8	9	10			
	3	受力钢筋顺长度方向全长净尺寸	±10													
	4	弯起钢筋的弯折位置	±20													
	5	箍筋内径尺寸	±5													

施工单位检查意见	项目专业质量检查员: 　　　　　　　　　　　　　　　　　年　　月　　日
监理(建设)单位核查意见	监理工程师: (建设单位项目专业技术负责人) 　　　　　　　　　　　年　　月　　日

DB 21/1234—2003

钢筋工程(连接、安装)检验批质量验收记录

<table>
<tr><td colspan="3">工程名称</td><td></td><td colspan="2">验收部位</td><td></td><td></td><td></td></tr>
<tr><td colspan="3">施工单位</td><td></td><td colspan="2">项目经理</td><td></td><td>专业工长</td><td></td></tr>
<tr><td colspan="3">分包单位</td><td></td><td colspan="2">分包负责人</td><td></td><td>施工班组长</td><td></td></tr>
<tr><td colspan="3">施工标准
及编号</td><td></td><td colspan="2"></td><td></td><td>隐蔽工程
验收记录</td><td></td></tr>
<tr><td colspan="3">施工技术
方案</td><td></td><td colspan="2"></td><td></td><td>见证检测
报告</td><td></td></tr>
<tr><td colspan="3" align="center">项目</td><td colspan="3" align="center">施工单位检查记录</td><td>合格率/
%</td><td colspan="2">监理(建设)
单位验收记录</td></tr>
<tr><td rowspan="3">主控项目</td><td>*1</td><td colspan="2">钢筋品种、级别、规格、数量、位置必须符合设计文件或设计变更文件要求</td><td colspan="3"></td><td></td><td colspan="2"></td></tr>
<tr><td>2</td><td colspan="2">纵向受力钢筋连接方式应符合设计要求</td><td colspan="3"></td><td></td><td colspan="2"></td></tr>
<tr><td>3</td><td colspan="2">机械连接、焊接接头力学性能应符合有关规程要求</td><td colspan="3"></td><td></td><td colspan="2"></td></tr>
<tr><td rowspan="19">一般项目</td><td>1</td><td colspan="2">钢筋接头位置应符合规范要求</td><td colspan="3"></td><td></td><td colspan="2"></td></tr>
<tr><td>2</td><td colspan="2">机械连接、焊接接头外观质量应符合有关规程要求</td><td colspan="3"></td><td></td><td colspan="2"></td></tr>
<tr><td>3</td><td colspan="2">机械连接、焊接接头面积百分率、位置应符合设计或规范要求</td><td colspan="3"></td><td></td><td colspan="2"></td></tr>
<tr><td>4</td><td colspan="2">绑扎接头钢筋横向净距、接头面积百分率、搭接长度应符合设计或规范要求</td><td colspan="3"></td><td></td><td colspan="2"></td></tr>
<tr><td>5</td><td colspan="2">纵向受力钢筋搭接长度范围内应按设计或规范要求配置箍筋</td><td colspan="3"></td><td></td><td colspan="2"></td></tr>
<tr><td colspan="3" rowspan="2" align="center">项目</td><td rowspan="2">允许偏差/mm</td><td colspan="2" align="center">实测偏差/mm</td><td colspan="3" rowspan="2"></td></tr>
<tr><td align="center">1 2 3 4 5</td><td align="center">6 7 8 9 10</td></tr>
<tr><td>6</td><td rowspan="2">绑扎钢筋网</td><td>长、宽</td><td>±10</td><td></td><td></td><td colspan="3"></td></tr>
<tr><td>7</td><td>网眼尺寸</td><td>±20</td><td></td><td></td><td colspan="3"></td></tr>
<tr><td>8</td><td rowspan="2">绑扎钢筋骨架</td><td>长</td><td>±10</td><td></td><td></td><td colspan="3"></td></tr>
<tr><td>9</td><td>宽、高</td><td>±5</td><td></td><td></td><td colspan="3"></td></tr>
<tr><td>10</td><td rowspan="5">受力钢筋</td><td>间距</td><td>±10</td><td></td><td></td><td colspan="3"></td></tr>
<tr><td>11</td><td>排距</td><td>±5</td><td></td><td></td><td colspan="3"></td></tr>
<tr><td>12</td><td rowspan="3">保护层厚度</td><td>基础 ±10</td><td></td><td></td><td></td><td colspan="3"></td></tr>
<tr><td>13</td><td>柱、梁 ±5</td><td></td><td></td><td></td><td colspan="3"></td></tr>
<tr><td>14</td><td>板、墙、壳 ±3</td><td></td><td></td><td></td><td colspan="3"></td></tr>
<tr><td>15</td><td colspan="2">绑扎箍筋、横向钢筋间距</td><td>±20</td><td></td><td></td><td colspan="3"></td></tr>
<tr><td>16</td><td colspan="2">钢筋弯起点位置</td><td>20</td><td></td><td></td><td colspan="3"></td></tr>
<tr><td>17</td><td rowspan="2">预埋件</td><td>中心线位置</td><td>5</td><td></td><td></td><td colspan="3"></td></tr>
<tr><td>18</td><td>水平高差</td><td>+3,0</td><td></td><td></td><td colspan="3"></td></tr>
<tr><td colspan="3">施工单位检查
评定结果</td><td colspan="6">项目专业质量检查员:

年 月 日</td></tr>
<tr><td colspan="3">监理(建设)
单位验收结论</td><td colspan="6">监理工程师:
(建设单位项目专业技术负责人)
年 月 日</td></tr>
</table>

归档编号：C2-5-1-5

钢筋隐蔽工程检查验收记录

工程名称：_____ 建设单位：_____ 图号：_____

隐蔽部位：_____ 施工单位：_____ 隐蔽日期：___年___月___日

隐蔽检查内容：			
监理工程师验核意见： 验核人：	试验单、合格证、其他证明文件等编号		
	名称或直径	出厂合格证编号	证明单编号
参加核查人员意见： 核查人：			

单位工程技术负责人：_____ 质量检查员：_____ 填表人：_____

注：本表适用于混凝土、钢筋、埋地工程、砌体埋筋、屋面、回填土等工程隐蔽。

3.7 剪力墙梁(洞口)钢筋下料与绑扎

剪力墙梁(洞口)钢筋下料与绑扎实训项目任务指导书

所属专业：　　　　　指导教师：　　　　　编制序号:施工-钢筋-7

实训项目 名称	剪力墙梁(洞口)钢筋下料与绑扎	实训地点	实训厂房
		实训学时	2
适用 专业	建设工程管理、建设工程监理、工程造价、建筑工程技术及其他相近专业		
实训 目的	1.加深对剪力墙梁(洞口)钢筋工程施工工艺的理解和运用。 2.通过课程设计的实训训练,学生应能掌握剪力墙梁(洞口)钢筋工程的施工流程、施工操作要点、质量控制点的设置、质量验收程序、质量验收标准、质量验收方法等理论知识及实际操作,并能将理论知识运用到实际操作中		
实训任务 及要求	实训任务: 1.完成剪力墙梁(洞口)(JD500、YD500)钢筋下料计算、加工、绑扎成型、质量检验。 2.填写钢筋工程(原材料、加工)检验批质量验收记录、钢筋工程(连接、安装)检验批质量验收记录、钢筋隐蔽工程检查验收记录。 实训要求: 1.钢筋下料计算应准确,下料单应认真填写;钢筋加工准确,符合下料单要求;钢筋绑扎符合验收规范要求,质量验收记录填写认真。 2.课程实训小组应独立完成实训任务,严禁抄袭,培养团队的合作精神及严谨的职业态度		
所需主要 仪器设备	某工程剪力墙梁(洞口)图纸、11G101—1图集、钢筋切断机、钢筋弯曲机、钢筋断线钳、手工加工箍筋扳子、垫块、铡刀、绑线、钢筋钩子、卷尺、石笔、手套等		
实训 组织	学生分组,每组4～5人,教师讲解施工过程及操作要点并进行示范,学生自己动手操作,操作完成后相互点评,最后由教师进行总结		
实训 步骤	钢筋下料: 1.熟悉图纸及11G101—1图集。 2.进行钢筋下料计算,并填写钢筋下料单。 3.钢筋下料加工,检查钢筋加工质量,并填写钢筋工程(原材料、加工)检验批质量验收记录。 钢筋绑扎: 1.摆好剪力墙梁上部筋、下部筋。在上部筋上画出箍筋间距线,并套好箍筋。 2.将箍筋按已画好的间距逐个分开并按照规范要求进行绑扎。 3.绑扎洞口加强筋,放置剪力墙垫块。 4.进行质量检验并填写钢筋工程(连接、安装)检验批质量验收记录、钢筋隐蔽工程检查验收记录		
实训 预计成果 (结论)	1.剪力墙梁(洞口)钢筋下料单。 2.绑扎完成且质量合格的剪力墙(洞口)钢筋。 3.钢筋工程(原材料、加工)检验批质量验收记录。 4.钢筋工程(连接、安装)检验批质量验收记录。 5.钢筋隐蔽工程检查验收记录		

续表

考核标准	本实训成绩占期末总成绩一定比例,具体比例由任课教师根据授课情况确定。 1.考勤标准(20%):能够按时出勤,不迟到、不早退,态度认真,遵守实训纪律。 2.成果标准(50%):钢筋下料单填写准确,钢筋加工、绑扎符合图纸及规范要求。 3.表格质量(30%):按照质量验收规范要求填写,内容准确,字迹工整

剪力墙梁(洞口)钢筋下料与绑扎实训成果

所属班级: 学生姓名: 编制时间:

1.剪力墙梁(洞口)钢筋下料单(表 3-7)。

表 3-7   剪力墙梁(洞口)钢筋下料单

部位	构件名称	构件数量	钢筋编号	简图	钢筋级别	下料长度	单位根数	合计根数	单根质量	总质量	备注

2.绑扎完成且质量合格的剪力墙梁(洞口)钢筋(图 3-7 仅供参考)。

图 3-7

3.钢筋工程(原材料、加工)检验批质量验收记录。

4.钢筋工程(连接、安装)检验批质量验收记录。

5.钢筋隐蔽工程检查验收记录

DB 21/1234—2003

钢筋工程(原材料、加工)检验批质量验收记录

工程名称			验收部位			
施工单位			项目经理		专业工长	
分包单位			分包负责人		施工班组长	
施工标准及编号					工序自检交接检	
施工技术方案					见证检测报告	

		项目	施工单位检查记录	合格率/%	监理(建设)单位验收记录
主控项目	*1	钢筋质量必须符合有关标准规定			
	*2	钢筋强度比值应满足抗震等级要求			
	3	发现脆断、焊接性能不良、力学性能显著不正常等现象时应进行专项检验			
	4	受力钢筋弯钩角度、弯弧内径、弯后平直长度应符合设计或规范要求			
	5	箍筋端部弯钩的弯折角度、弯弧内径、弯后平直长度应符合设计或规范要求			

		项目	允许偏差/mm	实测偏差/mm 1 2 3 4 5 6 7 8 9 10		
一般项目	1	钢筋应平直,无损伤、油污、老锈				
	2	钢筋调直方法应符合规范要求				
	3	受力钢筋顺长度方向全长净尺寸	±10			
	4	弯起钢筋的弯折位置	±20			
	5	箍筋内净尺寸	±5			

施工单位检查意见	项目专业质量检查员: 　　　　　　　　　　　　　　　　　　　年　月　日
监理(建设)单位核查意见	监理工程师: (建设单位项目专业技术负责人) 　　　　　　　　　　　　　　　　　　　年　月　日

钢筋工程(连接、安装)检验批质量验收记录

工程名称					验收部位											
施工单位					项目经理						专业工长					
分包单位					分包负责人						施工班组长					
施工标准及编号											隐蔽工程验收记录					
施工技术方案											见证检测报告					

	项目			施工单位检查记录	合格率/%	监理(建设)单位验收记录
主控项目	＊1	钢筋品种、级别、规格、数量、位置必须符合设计文件或设计变更文件要求				
	2	纵向受力钢筋连接方式应符合设计要求				
	3	机械连接、焊接接头力学性能应符合有关规程要求				
一般项目	1	钢筋接头位置应符合规范要求				
	2	机械连接、焊接接头外观质量应符合有关规程要求				
	3	机械连接、焊接接头面积百分率、位置应符合设计或规范要求				
	4	绑扎接头钢筋横向净距、接头面积百分率、搭接长度应符合设计或规范要求				
	5	纵向受力钢筋搭接长度范围内应按设计或规范要求配置箍筋				

		项目		允许偏差/mm	实测偏差/mm										
					1	2	3	4	5	6	7	8	9	10	
一般项目	6	绑扎钢筋网	长、宽	±10											
	7		网眼尺寸	±20											
	8	绑扎钢筋骨架	长	±10											
	9		宽、高	±5											
	10	受力钢筋	间距	±10											
	11		排距	±5											
	12		保护层厚度	基础	±10											
	13			柱、梁	±5											
	14			板、墙、壳	±3											
	15	绑扎箍筋、横向钢筋间距		±20											
	16	钢筋弯起点位置		20											
	17	预埋件	中心线位置	5											
	18		水平高差	＋3,0											

施工单位检查评定结果	项目专业质量检查员：　　　　　　　　　　　　　　　年　月　日
监理(建设)单位验收结论	监理工程师： (建设单位项目专业技术负责人)　　　　　　　　　年　月　日

钢筋隐蔽工程检查验收记录

工程名称:＿＿＿＿＿＿＿＿＿　　建设单位:＿＿＿＿＿＿＿＿＿　　图号:＿＿＿＿＿＿＿＿＿

隐蔽部位:＿＿＿＿＿＿＿＿＿　　施工单位:＿＿＿＿＿＿＿＿＿　　隐蔽日期:＿＿＿年＿＿月＿＿日

隐蔽检查内容:

监理工程师验核意见:	试验单、合格证、其他证明文件等编号		
	名称或直径	出厂合格证编号	证明单编号
验核人:			
参加核查人员意见:			
核查人:			

单位工程技术负责人:　　　　　　质量检查员:　　　　　　填表人:

　　注:本表适用于混凝土、钢筋、埋地工程、砌体埋筋、屋面、回填土等工程隐蔽。

3.8 构造柱钢筋下料与绑扎

构造柱钢筋下料与绑扎实训项目任务指导书

所属专业：　　　　　指导教师：　　　　　编制序号：施工-钢筋-8

实训项目 名称	构造柱钢筋下料与绑扎	实训地点	实训厂房
		实训学时	2
适用 专业	建设工程管理、建设工程监理、工程造价、建筑工程技术及其他相近专业		
实训 目的	1.加深对构造柱钢筋工程施工工艺的理解和运用。 2.通过课程设计的实训训练，学生应能掌握构造柱钢筋工程的施工流程、施工操作要点、质量控制点的设置、质量验收程序、质量验收标准、质量验收方法等理论知识及实际操作，并能将理论知识运用到实际操作中		
实训任务 及要求	实训任务： 1.完成构造柱(240mm×240mm×1200mm)钢筋下料计算、加工、绑扎成型、质量检验。 2.填写钢筋工程(原材料、加工)检验批质量验收记录、钢筋工程(连接、安装)检验批质量验收记录、钢筋隐蔽工程检查验收记录。 实训要求： 1.钢筋下料计算应准确，下料单应认真填写；钢筋加工准确，符合下料单要求；钢筋绑扎符合验收规范要求，质量验收记录填写认真。 2.课程实训小组应独立完成实训任务，严禁抄袭，培养团队的合作精神及严谨的职业态度		
所需主要 仪器设备	某工程构造柱图纸、钢筋切断机、钢筋弯曲机、钢筋断线钳、手工加工箍筋扳子、垫块、铡刀、绑线、钢筋钩子、卷尺、石笔、手套等		
实训 组织	学生分组，每组4～5人，教师讲解施工过程及操作要点并进行示范，学生自己动手操作，操作完成后相互点评，最后由教师进行总结		
实训 步骤	钢筋下料： 1.熟悉图纸； 2.进行钢筋下料计算，并填写钢筋下料单； 3.钢筋下料加工，检查钢筋加工质量，并填写钢筋工程(原材料、加工)检验批质量验收记录。 钢筋绑扎： 1.在柱角筋上画出箍筋间距线； 2.套柱箍筋，将箍筋按已画好的间距逐个分开并按照规范要求进行绑扎； 3.放置构造柱钢筋垫块； 4.进行质量检验并填写钢筋工程(连接、安装)检验批质量验收记录、钢筋隐蔽工程检查验收记录		
实训 预计成果 (结论)	1.构造柱钢筋下料单； 2.绑扎完成且质量合格的构造柱钢筋笼； 3.钢筋工程(原材料、加工)检验批质量验收记录； 4.钢筋工程(连接、安装)检验批质量验收记录； 5.钢筋隐蔽工程检查验收记录		

考核标准	本实训成绩占期末总成绩一定比例,具体比例由任课教师根据授课情况确定。 1.考勤标准(20%):能够按时出勤,不迟到、不早退,态度认真,遵守实训纪律。 2.成果标准(50%):钢筋下料单填写准确,钢筋加工、绑扎符合图纸及规范要求。 3.表格质量(30%):按照质量验收规范要求填写,内容准确,字迹工整

构造柱钢筋下料与绑扎实训成果

所属班级: 　　　　学生姓名: 　　　　编制时间:

1.构造柱钢筋下料单(表 3-8)。

表 3-8　　　　　　　　　　构造柱钢筋下料单

部位	构件名称	构件数量	钢筋编号	简图	钢筋级别	下料长度	单位根数	合计根数	单根质量	总质量	备注

2.绑扎完成且质量合格的构造柱钢筋骨架(图 3-8 仅供参考)。

图 3-8

3.钢筋工程(原材料、加工)检验批质量验收记录。

4.钢筋工程(连接、安装)检验批质量验收记录。

5.钢筋隐蔽工程检查验收记录

DB 21/1234—2003

钢筋工程(原材料、加工)检验批质量验收记录

工程名称			验收部位			
施工单位			项目经理		专业工长	
分包单位			分包负责人		施工班组长	
施工标准及编号					工序自检交接检	
施工技术方案					见证检测报告	

		项目	施工单位检查记录	合格率/%	监理(建设)单位验收记录
主控项目	*1	钢筋质量必须符合有关标准规定			
	*2	钢筋强度比值应满足抗震等级要求			
	3	发现脆断、焊接性能不良、力学性能显著不正常等现象时应进行专项检验			
	4	受力钢筋弯钩角度、弯弧内径、弯后平直长度应符合设计或规范要求			
	5	箍筋端部弯钩的弯折角度、弯弧内径、弯后平直长度应符合设计或规范要求			

		项目	允许偏差/mm	实测偏差/mm												
一般项目	1	钢筋应平直,无损伤、油污、老锈														
	2	钢筋调直方法应符合规范要求														
				1	2	3	4	5	6	7	8	9	10			
	3	受力钢筋顺长度方向全长净尺寸	±10													
	4	弯起钢筋的弯折位置	±20													
	5	箍筋内径尺寸	±5													

施工单位检查意见	项目专业质量检查员:　　　　　　　　　　　　　　　　　年　　月　　日
监理(建设)单位核查意见	监理工程师: (建设单位项目专业技术负责人)　　　　　　　　　　　年　　月　　日

DB 21/1234—2003

钢筋工程(连接、安装)检验批质量验收记录

工程名称				验收部位				
施工单位				项目经理			专业工长	
分包单位				分包负责人			施工班组长	
施工标准及编号							隐蔽工程验收记录	
施工技术方案							见证检测报告	
		项目		施工单位检查记录		合格率/%	监理(建设)单位验收记录	
主控项目	*1	钢筋品种、级别、规格、数量、位置必须符合设计文件或设计变更文件要求						
	2	纵向受力钢筋连接方式应符合设计要求						
	3	机械连接、焊接接头力学性能应符合有关规程要求						
一般项目	1	钢筋接头位置应符合规范要求						
	2	机械连接、焊接接头外观质量应符合有关规程要求						
	3	机械连接、焊接接头面积百分率、位置应符合设计或规范要求						
	4	绑扎接头钢筋横向净距、接头面积百分率、搭接长度应符合设计或规范要求						
	5	纵向受力钢筋搭接长度范围内应按设计或规范要求配置箍筋						

		项目		允许偏差/mm	实测偏差/mm												
					1	2	3	4	5	6	7	8	9	10			
一般项目	6	绑扎钢筋网	长、宽	±10													
	7		网眼尺寸	±20													
	8	绑扎钢筋骨架	长	±10													
	9		宽、高	±5													
	10	受力钢筋	间距	±10													
	11		排距	±5													
	12		保护层厚度 基础	±10													
	13		柱、梁	±5													
	14		板、墙、壳	±3													
	15	绑扎箍筋、横向钢筋间距		±20													
	16	钢筋弯起点位置		20													
	17	预埋件	中心线位置	5													
	18		水平高差	+3,0													

施工单位检查评定结果	项目专业质量检查员:　　　　　　　　　　　　　　　年　月　日
监理(建设)单位验收结论	监理工程师: (建设单位项目专业技术负责人)　　　　　　　　年　月　日

归档编号：C2-5-1-5

钢筋隐蔽工程检查验收记录

工程名称：_____ 建设单位：_____ 图号：_____

隐蔽部位：_____ 施工单位：_____ 隐蔽日期：___年___月___日

隐蔽检查内容：

监理工程师验核意见：	试验单、合格证、其他证明文件等编号		
	名称或直径	出厂合格证编号	证明单编号
验核人：			
参加核查人员意见：			
核查人：			

单位工程技术负责人：　　　　　质量检查员：　　　　　填表人：

注：本表适用于混凝土、钢筋、埋地工程、砌体埋筋、屋面、回填土等工程隐蔽。

3.9 圈梁钢筋下料与绑扎

圈梁钢筋下料与绑扎实训项目任务指导书

所属专业：　　　　　指导教师：　　　　　编制序号：施工-钢筋-9

实训项目名称	圈梁钢筋下料与绑扎	实训地点	实训厂房
		实训学时	2
适用专业	建设工程管理、建设工程监理、工程造价、建筑工程技术及其他相近专业		
实训目的	1. 加深对圈梁钢筋工程施工工艺的理解和运用。 2. 通过课程设计的实训训练，学生应能掌握圈梁钢筋工程的施工流程、施工操作要点、质量控制点的设置、质量验收程序、质量验收标准、质量验收方法等理论知识及实际操作，并能将理论知识运用到实际操作中		
实训任务及要求	实训任务： 1. 完成圈梁(240mm×240mm×2000mm)钢筋下料计算、加工、绑扎成型、质量检验。 2. 填写钢筋工程(原材料、加工)检验批质量验收记录、钢筋工程(连接、安装)检验批质量验收记录、钢筋隐蔽工程检查验收记录。 实训要求： 1. 钢筋下料计算应准确，下料单应认真填写；钢筋加工准确，符合下料单要求；钢筋绑扎符合验收规范要求，质量验收记录填写认真。 2. 课程实训小组应独立完成实训任务，严禁抄袭，培养团队的合作精神及严谨的职业态度		
所需主要仪器设备	某工程圈梁图纸、钢筋切断机、钢筋弯曲机、钢筋断线钳、手工加工箍筋扳子、垫块、铡刀、绑线、钢筋钩子、卷尺、石笔、手套等		
实训组织	学生分组，每组4～5人，教师讲解施工过程及操作要点并进行示范，学生自己动手操作，操作完成后相互点评，最后由教师进行总结		
实训步骤	钢筋下料： 1. 熟悉图纸。 2. 进行钢筋下料计算，并填写钢筋下料单。 3. 钢筋下料加工，检查钢筋加工质量，并填写钢筋工程(原材料、加工)检验批质量验收记录。 钢筋绑扎： 1. 摆好上部筋、下部筋。在上部筋上画出箍筋间距，并套好箍筋。 2. 将箍筋按已画好的间距逐个分开并按照规范要求与上部筋进行绑扎。 3. 将箍筋与下部筋绑扎，放置垫块。 4. 进行质量检验并填写钢筋工程(连接、安装)检验批质量验收记录、钢筋隐蔽工程检查验收记录		
实训预计成果(结论)	1. 圈梁钢筋下料单。 2. 绑扎完成且质量合格的圈梁钢筋笼。 3. 钢筋工程(原材料、加工)检验批质量验收记录。 4. 钢筋工程(连接、安装)检验批质量验收记录。 5. 钢筋隐蔽工程检查验收记录		

续表

考核标准	本实训成绩占期末总成绩一定比例,具体比例由任课教师根据授课情况确定。 1.考勤标准(20%):能够按时出勤,不迟到、不早退,态度认真,遵守实训纪律。 2.成果标准(50%):钢筋下料单填写准确,钢筋加工、绑扎符合图纸及规范要求。 3.表格质量(30%):按照质量验收规范要求填写,内容准确,字迹工整

圈梁钢筋下料与绑扎实训成果

所属班级:　　　　　　　学生姓名:　　　　　　　编制时间:

1.圈梁钢筋下料单(表3-9)。

表3-9　　　　　　　　　　圈梁钢筋下料单

部位	构件名称	构件数量	钢筋编号	简图	钢筋级别	下料长度	单位根数	合计根数	单根质量	总质量	备注

2.绑扎完成且质量合格的圈梁钢筋骨架(图3-9仅供参考)。

图3-9

3.钢筋工程(原材料、加工)检验批质量验收记录。

4.钢筋工程(连接、安装)检验批质量验收记录。

5.钢筋隐蔽工程检查验收记录

DB 21/1234—2003

钢筋工程(原材料、加工)检验批质量验收记录

工程名称			验收部位			
施工单位			项目经理		专业工长	
分包单位			分包负责人		施工班组长	
施工标准及编号					工序自检交接检	
施工技术方案					见证检测报告	

		项目	施工单位检查记录	合格率/%	监理(建设)单位验收记录
主控项目	*1	钢筋质量必须符合有关标准规定			
	*2	钢筋强度比值应满足抗震等级要求			
	3	发现脆断、焊接性能不良、力学性能显著不正常等现象时应进行专项检验			
	4	受力钢筋弯钩角度、弯弧内径、弯后平直长度应符合设计或规范要求			
	5	箍筋端部弯钩的弯折角度、弯弧内径、弯后平直长度应符合设计或规范要求			
一般项目	1	钢筋应平直,无损伤、油污、老锈			
	2	钢筋调直方法应符合规范要求			

		项目	允许偏差/mm	实测偏差/mm											合格率/%	监理(建设)单位验收记录
				1	2	3	4	5	6	7	8	9	10			
一般项目	3	受力钢筋顺长度方向全长净尺寸	±10													
	4	弯起钢筋的弯折位置	±20													
	5	箍筋内净尺寸	±5													

施工单位检查意见	项目专业质量检查员: 年 月 日
监理(建设)单位核查意见	监理工程师: (建设单位项目专业技术负责人) 年 月 日

DB 21/1234—2003

钢筋工程(连接、安装)检验批质量验收记录

工程名称				验收部位				
施工单位				项目经理			专业工长	
分包单位				分包负责人			施工班组长	
施工标准及编号							隐蔽工程验收记录	
施工技术方案							见证检测报告	

		项目	施工单位检查记录	合格率/%	监理(建设)单位验收记录
主控项目	*1	钢筋品种、级别、规格、数量、位置必须符合设计文件或设计变更文件要求			
	2	纵向受力钢筋连接方式应符合设计要求			
	3	机械连接、焊接接头力学性能应符合有关规程要求			
一般项目	1	钢筋接头位置应符合规范要求			
	2	机械连接、焊接接头外观质量应符合有关规程要求			
	3	机械连接、焊接接头面积百分率、位置应符合设计或规范要求			
	4	绑扎接头钢筋横向净距、接头面积百分率、搭接长度应符合设计或规范要求			
	5	纵向受力钢筋搭接长度范围内应按设计或规范要求配置箍筋			

		项目		允许偏差/mm	实测偏差/mm 1 2 3 4 5 6 7 8 9 10		
一般项目	6	绑扎钢筋网	长、宽	±10			
	7		网眼尺寸	±20			
	8	绑扎钢筋骨架	长	±10			
	9		宽、高	±5			
	10	受力钢筋	间距	±10			
	11		排距	±5			
	12		保护层厚度 基础	±10			
	13		柱、梁	±5			
	14		板、墙、壳	±3			
	15	绑扎箍筋、横向钢筋间距		±20			
	16	钢筋弯起点位置		20			
	17	预埋件	中心线位置	5			
	18		水平高差	+3,0			

施工单位检查评定结果	项目专业质量检查员: 　　　　　　　年　月　日
监理(建设)单位验收结论	监理工程师: (建设单位项目专业技术负责人)　　　　　年　月　日

归档编号：C2-5-1-5

钢筋隐蔽工程检查验收记录

工程名称：＿＿＿＿＿＿　　建设单位：＿＿＿＿＿＿＿　　图号：＿＿＿＿＿＿＿

隐蔽部位：＿＿＿＿＿＿　　施工单位：＿＿＿＿＿　　隐蔽日期：＿＿年＿＿月＿＿日

隐蔽检查内容：			
监理工程师验核意见： 验核人：	试验单、合格证、其他证明文件等编号		
	名称或直径	出厂合格证编号	证明单编号
参加核查人员意见： 核查人：			

单位工程技术负责人：　　　　质量检查员：　　　　填表人：

　　注：本表适用于混凝土、钢筋、埋地工程、砌体埋筋、屋面、回填土等工程隐蔽。

3.10 独立基础混凝土配合比换算、搅拌、浇筑

独立基础混凝土配合比换算、搅拌、浇筑实训项目任务指导书

所属专业：　　　　　　指导教师：　　　　　　编制序号:施工-混凝土-1

实训项目名称	独立基础混凝土配合比换算、搅拌、浇筑	实训地点	实训厂房
		实训学时	2
适用专业	建设工程管理、建设工程监理、工程造价、建筑工程技术及其他相近专业		
实训目的	1.加深对独立基础混凝土工程施工工艺的理解和运用。 2.通过课程设计的实训训练,学生应能掌握独立基础混凝土工程的施工流程、施工操作要点、质量控制点的设置、质量验收程序、质量验收标准、质量验收方法等理论知识及实际操作,并能将理论知识运用到实际操作中		
实训任务及要求	实训任务: 1.完成独立基础(1500mm×1500mm)配合比换算、混凝土搅拌、浇筑、质量检验。 2.填写混凝土工程检验批质量验收记录。 实训要求: 1.混凝土配合比换算应准确,混凝土配比单应认真填写;混凝土搅拌、浇筑符合验收规范要求,质量验收记录填写认真。 2.课程实训小组应独立完成实训任务,严禁抄袭,培养团队的合作精神及严谨的职业态度		
所需主要仪器设备	某工程独立基础图纸、混凝土搅拌机、水泥、砂子、石子、水、磅秤、振捣棒、手推车、抹子、刮杠、卷尺、手套等		
实训组织	学生分组,每组4～5人,教师讲解施工过程及操作要点并进行示范,学生自己动手操作,操作完成后相互点评,最后由教师进行总结		
实训步骤	1.熟悉图纸; 2.进行配合比换算,并填写混凝土配比单; 3.混凝土搅拌,检查混凝土拌和物质量; 4.进行混凝土浇筑、振捣、成型、养护; 5.填写混凝土工程检验批质量验收记录		
实训预计成果(结论)	1.独立基础混凝土配比单; 2.浇筑完成且质量合格的独立基础混凝土; 3.混凝土工程检验批质量验收记录		
考核标准	本实训成绩占期末总成绩一定比例,具体比例由任课教师根据授课情况确定。 1.考勤标准(20%):能够按时出勤,不迟到、不早退,态度认真,遵守实训纪律。 2.成果标准(50%):独立基础混凝土配比单填写准确,混凝土搅拌、浇筑符合图纸及验收规范要求。 3.表格质量(30%):按照质量验收规范要求填写,内容准确,字迹工整		

独立基础混凝土配合比换算、搅拌、浇筑实训成果

所属班级：　　　　　　学生姓名：　　　　　　编制时间：

1. 独立基础混凝土配比单（表3-10）。

表3-10　　　　　　　　　　**C＿混凝土配合比**

坍落度：＿＿＿＿　　　　使用部位：＿＿＿＿　　　　日期：　　年　　月　　日

材料 项目　数量	水泥 P·O 42.5	砂子 （中砂）	石子 （卵石 20～40mm）	水/(kg/m³)
实验室配合比				
现场配合比				
500 搅拌机/ （kg/罐）				
350 搅拌机/ （kg/罐）				
砂子含水率/%				
石子含水率/%				

2. 浇筑完成且质量合格的独立基础混凝土（图3-10仅供参考）。

图 3-10

3. 混凝土工程检验批质量验收记录

DB 21/1234—2003

混凝土工程检验批质量验收记录

工程名称			验收部位			
施工单位			项目经理		专业工长	
分包单位			分包负责人		施工班组长	
施工标准及编号			见证检测报告		施工技术方案	
		项目	施工单位检查记录		合格率/%	监理（建设）单位验收记录
主控项目	*1	水泥进场时应进行检查和复验，其质量应符合现行国家标准				
	*2	外加剂的质量应符合现行国家标准				
	3	混凝土中氯化物和碱的含量应符合现行国家标准				
	4	混凝土按《普通混凝土配合比设计规程》（JGJ 55—2011）和强度等级、耐久性、工作性等要求进行配合比设计				
	5	混凝土原材料计量偏差不得超出规范规定				
	*6	混凝土结构构件强度试件按规范要求抽取				
	7	抗渗混凝土试件按规范要求抽取				
	8	混凝土运输、浇筑及间歇时间不超过混凝土初凝时间				
一般项目	1	矿物掺和料质量应符合国家现行标准，掺量应通过试验确定				
	2	粗、细骨料的质量应符合国家现行标准，粗骨料最大颗粒粒径应符合规范要求				
	3	拌制混凝土用水应符合国家现行标准《混凝土拌和用水标准》（JGJ 63—2006）的规定				
	4	混凝土按配合比应进行开盘鉴定，留置标养试件				
	5	拌制混凝土前应测定砂、石含水率，调整材料用量，提出施工配合比				
	6	施工缝的留置与处理应按施工技术方案执行				
	7	后浇带的位置应按设计要求和施工技术方案确定，后浇带混凝土浇筑应按施工技术方案进行				
	8	混凝土的养护措施应符合施工技术方案和规范要求				
施工单位检查评定结果		项目专业质量检查员：			年　月　日	
监理（建设）单位验收结论		监理工程师：（建设单位项目专业技术负责人）			年　月　日	

3.11 框架柱混凝土配合比换算、搅拌、浇筑

框架柱混凝土配合比换算、搅拌、浇筑实训项目任务指导书

所属专业：　　　　　指导教师：　　　　　编制序号：施工-混凝土-2

实训项目 名称	框架柱混凝土配合比换算、搅拌、浇筑	实训地点	实训厂房
		实训学时	2
适用 专业	建设工程管理、建设工程监理、工程造价、建筑工程技术及其他相近专业		
实训 目的	1.加深对框架柱混凝土工程施工工艺的理解和运用。 2.通过课程设计的实训训练，学生应能掌握框架柱混凝土工程的施工流程、施工操作要点、质量控制点的设置、质量验收程序、质量验收标准、质量验收方法等理论知识及实际操作，并能将理论知识运用到实际操作中		
实训任务 及要求	实训任务： 1.完成框架柱(500mm×500mm×2000mm)配合比换算、搅拌、浇筑、质量检验。 2.填写混凝土工程检验批质量验收记录。 实训要求： 1.混凝土配合比换算应准确，混凝土配比单应认真填写；混凝土搅拌、浇筑符合验收规范要求，质量验收记录填写认真。 2.课程实训小组应独立完成实训任务，严禁抄袭，培养团队的合作精神及严谨的职业态度		
所需主要 仪器设备	某工程框架柱图纸、混凝土搅拌机、水泥、砂子、石子、水、磅秤、振捣棒、手推车、抹子、刮杠、卷尺、手套等		
实训 组织	学生分组，每组4～5人，教师讲解施工过程及操作要点并进行示范，学生自己动手操作，操作完成后相互点评，最后由教师进行总结		
实训 步骤	1.熟悉图纸； 2.进行配合比换算，并填写混凝土配比单； 3.混凝土搅拌，检查混凝土拌和物质量； 4.进行混凝土浇筑、振捣、成型、养护； 5.填写混凝土工程检验批质量验收记录		
实训 预计成果 （结论）	1.框架柱混凝土配比单； 2.浇筑完成且质量合格的框架柱混凝土； 3.混凝土工程检验批质量验收记录		
考核 标准	本实训成绩占期末总成绩一定比例，具体比例由任课教师根据授课情况确定。 1.考勤标准（20%）：能够按时出勤，不迟到、不早退，态度认真，遵守实训纪律。 2.成果标准（50%）：框架柱混凝土配比单填写准确，混凝土搅拌、浇筑符合图纸及验收规范要求。 3.表格质量（30%）：按照质量验收规范要求填写，内容准确，字迹工整		

框架柱混凝土配合比换算、搅拌、浇筑实训成果

所属班级：　　　　　　　学生姓名：　　　　　　　编制时间：

1.框架柱混凝土配比单(表3-11)。

表 3-11　　　　　　　　　　**C＿＿混凝土配合比**

使用部位：＿＿＿＿＿　　　坍落度：＿＿＿＿＿　　　　　　　日期：　　年　　月　　日

项目　　数量　材料	水泥 P·O 42.5	砂子 (中砂)	石子 (卵石 20～40mm)	水/(kg/m³)
实验室配合比				
现场配合比				
500 搅拌机/ (kg/罐)				
350 搅拌机/ (kg/罐)				
砂子含水率/%				
石子含水率/%				

2.浇筑完成且质量合格的框架柱混凝土(图 3-11 仅供参考)。

图 3-11

3.混凝土工程检验批质量验收记录

DB 21/1234—2003

混凝土工程检验批质量验收记录

		项目	施工单位检查记录	合格率/%	监理(建设)单位验收记录
工程名称			验收部位		
施工单位			项目经理		专业工长
分包单位			分包负责人		施工班组长
施工标准及编号			见证检测报告		施工技术方案
主控项目	*1	水泥进场时应进行检查和复验,其质量应符合现行国家标准			
	*2	外加剂的质量应符合现行国家标准			
	3	混凝土中氯化物和碱的含量应符合现行国家标准			
	4	混凝土按《普通混凝土配合比设计规程》(JGJ 55—2011)和强度等级、耐久性、工作性等要求进行配合比设计			
	5	混凝土原材料计量偏差不得超出规范规定			
	*6	混凝土结构构件强度试件按规范要求抽取			
	7	抗渗混凝土试件按规范要求抽取			
	8	混凝土运输、浇筑及间歇时间不超过混凝土初凝时间			
一般项目	1	矿物掺和料质量应符合国家现行标准,掺量应通过试验确定			
	2	粗、细骨料的质量应符合国家现行标准,粗骨料最大颗粒粒径应符合规范要求			
	3	拌制混凝土用水应符合国家现行标准《混凝土拌和用水标准》(JGJ 63—2006)的规定			
	4	混凝土按配合比应进行开盘鉴定,留置标养试件			
	5	拌制混凝土前应测定砂、石含水率,调整材料用量,提出施工配合比			
	6	施工缝的留置与处理应按施工技术方案执行			
	7	后浇带的位置应按设计要求和施工技术方案确定,后浇带混凝土浇筑应按施工技术方案进行			
	8	混凝土的养护措施应符合施工技术方案和规范要求			
施工单位检查评定结果		项目专业质量检查员:			年　月　日
监理(建设)单位验收结论		监理工程师: （建设单位项目专业技术负责人）			年　月　日

3.12 构造柱混凝土配合比换算、搅拌、浇筑

构造柱混凝土配合比换算、搅拌、浇筑实训项目任务指导书

所属专业：　　　　　　指导教师：　　　　　　编制序号：施工-混凝土-3

实训项目名称	构造柱混凝土配合比换算、搅拌、浇筑	实训地点	实训厂房
		实训学时	2
适用专业	建设工程管理、建设工程监理、工程造价、建筑工程技术及其他相近专业		
实训目的	1.加深对构造柱混凝土工程施工工艺的理解和运用。 2.通过课程设计的实训训练,学生应能掌握构造柱混凝土工程的施工流程、施工操作要点、质量控制点的设置、质量验收程序、质量验收标准、质量验收方法等理论知识及实际操作,并能将理论知识运用到实际操作中		
实训任务及要求	实训任务： 1.完成构造柱(240mm×240mm×2000mm)配合比换算、搅拌、浇筑、质量检验。 2.填写混凝土工程检验批质量验收记录。 实训要求： 1.混凝土配合比换算应准确,混凝土配比单应认真填写;混凝土搅拌、浇筑符合验收规范要求,质量验收记录填写认真。 2.课程实训小组应独立完成实训任务,严禁抄袭,培养团队的合作精神及严谨的职业态度		
所需主要仪器设备	某工程构造柱图纸、混凝土搅拌机、水泥、砂子、石子、水、磅秤、振捣棒、手推车、抹子、刮杠、卷尺、手套等		
实训组织	学生分组,每组4~5人,教师讲解施工过程及操作要点并进行示范,学生自己动手操作,操作完成后相互点评,最后由教师进行总结		
实训步骤	1.熟悉图纸; 2.进行配合比换算,并填写混凝土配比单; 3.混凝土搅拌,检查混凝土拌和物质量; 4.进行混凝土浇筑、振捣、成型、养护; 5.填写混凝土工程检验批质量验收记录		
实训预计成果（结论）	1.构造柱混凝土配比单; 2.浇筑完成且质量合格的独立基础混凝土; 3.混凝土工程检验批质量验收记录		
考核标准	本实训成绩占期末总成绩一定比例,具体比例由任课教师根据授课情况确定。 1.考勤标准(20%)：能够按时出勤,不迟到、不早退,态度认真,遵守实训纪律。 2.成果标准(50%)：构造柱混凝土配比单填写准确,混凝土搅拌、浇筑符合图纸及规范要求。 3.表格质量(30%)：按照质量验收规范要求填写,内容准确,字迹工整		

构造柱混凝土配合比换算、搅拌、浇筑实训成果

所属班级： 学生姓名： 编制时间：

1.构造柱混凝土配比单(表 3-12)。

表 3-12 C＿混凝土配合比

使用部位：＿＿＿＿＿ 坍落度：＿＿＿＿＿ 日期： 年 月 日

材料 项目　数量	水泥 P・O 42.5	砂子 (中砂)	石子 (卵石 20～40mm)	水/(kg/m³)
实验室配合比				
现场配合比				
500 搅拌机/ (kg/罐)				
350 搅拌机/ (kg/罐)				
砂子含水率/%				
石子含水率/%				

2.浇筑完成且质量合格的框架柱混凝土(图 3-12 仅供参考)。

图 3-12

3.混凝土工程检验批质量验收记录

混凝土工程检验批质量验收记录

工程名称			验收部位			
施工单位			项目经理		专业工长	
分包单位			分包负责人		施工班组长	
施工标准及编号			见证检测报告		施工技术方案	

		项目	施工单位检查记录	合格率/%	监理(建设)单位验收记录
主控项目	*1	水泥进场时应进行检查和复验,其质量应符合现行国家标准			
	*2	外加剂的质量应符合现行国家标准			
	3	混凝土中氯化物和碱的含量应符合现行国家标准			
	4	混凝土按《普通混凝土配合比设计规程》(JGJ 55—2011)和强度等级、耐久性、工作性等要求进行配合比设计			
	5	混凝土原材料计量偏差不得超出规范规定			
	*6	混凝土结构构件强度试件按规范要求抽取			
	7	抗渗混凝土试件按规范要求抽取			
	8	混凝土运输、浇筑及间歇时间不超过混凝土初凝时间			
一般项目	1	矿物掺和料质量应符合国家现行标准,掺量应通过试验确定			
	2	粗、细骨料的质量应符合国家现行标准,粗骨料最大颗粒粒径应符合规范要求			
	3	拌制混凝土用水应符合国家现行标准《混凝土拌和用水标准》(JGJ 63—2006)的规定			
	4	混凝土按配合比应进行开盘鉴定,留置标养试件			
	5	拌制混凝土前应测定砂、石含水率,调整材料用量,提出施工配合比			
	6	施工缝的留置与处理应按施工技术方案执行			
	7	后浇带的位置应按设计要求和施工技术方案确定,后浇带混凝土浇筑应按施工技术方案进行			
	8	混凝土的养护措施应符合施工技术方案和规范要求			
施工单位检查评定结果		项目专业质量检查员:		年 月 日	
监理(建设)单位验收结论		监理工程师: (建设单位项目专业技术负责人)		年 月 日	

3.13　混凝土试块制作

混凝土试块制作实训项目任务指导书

所属专业：　　　　　　指导教师：　　　　　　编制序号：施工-混凝土-4

实训项目名称	混凝土试块制作	实训地点	实训厂房
		实训学时	2
适用专业	建设工程管理、建设工程监理、工程造价、建筑工程技术及其他相近专业		
实训目的	1.加深对混凝土试块制作的理解和运用。 2.通过课程设计的实训训练，学生应能掌握混凝土试块制作的施工流程、施工操作要点、制作注意事项等理论知识及实际操作，并能将理论知识运用到实际操作中		
实训任务及要求	实训任务： 完成独立基础、框架柱、构造柱混凝土试块制作。 实训要求： 1.混凝土试块制作数量及质量符合验收规范要求。 2.课程实训小组应独立完成实训任务，严禁抄袭，培养团队的合作精神及严谨的职业态度		
所需主要仪器设备	某工程独立基础、框架柱、构造柱图纸、混凝土搅拌机、水泥、砂子、石子、水、磅秤、振捣棒、手推车、抹子、刮杠、卷尺、手套等		
实训组织	学生分组，每组4～5人，教师讲解施工过程及操作要点并进行示范，学生自己动手操作，操作完成后相互点评，最后由教师进行总结		
实训步骤	1.准备振动台、试模及其他辅助工具； 2.混凝土拌和物分两层装入试模并捣实； 3.刮除试模上口多余混凝土并抹平； 4.将试块拆模放入标准养护室； 5.进行抗压试验		
实训预计成果（结论）	质量合格的混凝土试块一组		
考核标准	本实训成绩占期末总成绩一定比例，具体比例由任课教师根据授课情况确定。 　1.考勤标准（20%）：能够按时出勤，不迟到、不早退，态度认真，遵守实训纪律。 　2.成果标准（50%）：混凝土试块制作符合图纸及规范要求。 　3.表格质量（30%）：按照质量验收规范要求填写，内容准确，字迹工整		

混凝土试块制作实训成果

所属班级： 学生姓名： 编制时间：

质量合格的混凝土试块一组（图 3-13）。

图 3-13

3.14 240实心砖直墙(带门口及过梁)砌筑

240实心砖直墙(带门口及过梁)砌筑实训项目任务指导书

所属专业:　　　　指导教师:　　　　编制序号:施工-砌筑-1

实训项目名称	240实心砖直墙(带门口及过梁)砌筑	实训地点	实训厂房
		实训学时	2
适用专业	建设工程管理、建设工程监理、工程造价、建筑工程技术及其他相近专业		
实训目的	1.加深对实心砖砌筑工程施工工艺的理解和运用。 2.通过课程设计的实训训练,学生应能掌握实心砖砌筑工程的施工流程、施工操作要点、质量控制点的设置、质量验收程序、质量验收标准、质量验收方法等理论知识及实际操作,并能将理论知识运用到实际操作中		
实训任务及要求	实训任务: 1.完成实心砖墙(3000mm×2000mm×240mm)砂浆配合比换算、材料工程量计算、砌筑成型、质量检验。 2.填写砖砌体工程检验批质量验收记录、砖砌体隐蔽工程检查验收记录。 实训要求: 1.配合比换算准确;材料计算准确,材料计划单应认真填写;砖墙砌筑符合验收规范要求,质量验收记录填写认真。 2.课程实训小组应独立完成实训任务,严禁抄袭,培养团队的合作精神及严谨的职业态度		
所需主要仪器设备	某工程平面图、《建筑工程质量验收规范》(GB 50300—2003)(以下简称《质量验收规范》)、手推车、卸料铁板、灰槽、锹、砌筑瓦刀、卷尺、石笔、手套等		
实训组织	学生分组,每组4~5人,教师讲解施工过程及操作要点并进行示范,学生自己动手操作,操作完成后相互点评,最后由教师进行总结		
实训步骤	1.熟悉图纸; 2.进行配合比换算,砖、水泥、砂子用量计算,并填写材料计划单; 3.按照配比单拌制砌筑砂浆,将砖润湿; 4.抄平、放线、摆砖、立皮数杆、盘角、挂线、铺灰砌筑; 5.放置混凝土块、预制过梁; 6.进行质量检验,并填写砖砌体工程质量验收记录、砖砌体隐蔽工程检查验收记录		
实训预计成果(结论)	1.砌筑水泥混合砂浆配比单; 2.砌筑完成且质量合格的砖墙; 3.砖砌体工程检验批质量验收记录; 4.砖砌体隐蔽工程检查验收记录		
考核标准	本实训成绩占期末总成绩一定比例,具体比例由任课教师根据授课情况确定。 1.考勤标准(20%):能够按时出勤,不迟到、不早退,态度认真,遵守实训纪律。 2.成果标准(50%):砂浆配合比换算准确,材料单填写准确,砖墙砌筑符合图纸及规范要求。 3.表格质量(30%):按照质量验收规范要求填写,内容准确,字迹工整		

240 实心砖直墙(带门口及过梁)砌筑实训成果

所属班级： 　　　　学生姓名： 　　　　编制时间：

1.砌筑水泥混合砂浆配比单(表 3-13)。

表 3-13 　　　　　　　　　**M ＿水泥混合砂浆配合比**

使用部位：＿＿＿＿＿ 　　　稠度：＿＿＿＿＿ 　　　日期： 年 月 日

材料 项目　数量	水泥	砂子	石灰	水/(kg/m³)
实验室配合比				
现场配合比				
500 搅拌机/ (kg/罐)				
350 搅拌机/ (kg/罐)				
砂子含水率/％				

2.砌筑完成且质量合格的砖墙(图 3-14 仅供参考)。

图 3-14

3.砖砌体工程检验批质量验收记录。

4.砖砌体隐蔽工程检查验收记录

DB 21/1234—2003

砖砌体工程检验批质量验收记录

工程名称			分项工程名称	砖砌体	验收部位	
施工单位			专业工长		项目经理	
施工执行标准名称及编号						
分包单位			分包项目经理		施工班长	

	序号	项目		检查评定记录										合格率/%	监理（建设）单位验收记录
主控项目	*1	砖强度等级	设计要求 MU												
		砂浆强度等级	设计要求 M												
	*2	斜槎留置													
	3	直槎拉结钢筋及接槎处理													
	4	砂浆饱满度	≥80%												
	序号	项目	允许偏差/mm	实测偏差/mm											
				1	2	3	4	5	6	7	8	9	10		
	5	轴线位移	10mm												
	6	垂直度 每层	5mm												
		全高 ≤10m	10mm												
		>10m	20mm												
一般项目	1	组砌方法													
	2	水平灰缝厚度 10 皮砖累计±8													
	序号	项目	允许偏差/mm	实测偏差/mm											
				1	2	3	4	5	6	7	8	9	10		
	3	基础顶（楼）面标高	±15mm 顶面												
			楼面												
	4	表面平整度	清水 5mm												
			混水 8mm												
	5	门窗洞口	±5mm 高												
			宽												
	6	窗口偏移	20mm												
	7	水平灰缝平直度	清水 7mm												
			混水 10mm												
	8	清水墙游丁走缝	20mm												

施工单位检查评定结果	项目专业质量检查员： 　　　　　　　　　　　年　月　日
监理（建设）单位验收结论	监理工程师： （建设单位项目专业技术负责人）　　　　　年　月　日

归档编号：C2-5-1-5

砌砖体隐蔽工程检查验收记录

工程名称：＿＿＿＿＿＿＿＿＿　建设单位：＿＿＿＿＿＿＿＿＿　图号：＿＿＿＿＿＿＿＿

隐蔽部位：＿＿＿＿＿＿＿＿＿　施工单位：＿＿＿＿＿＿＿＿＿　隐蔽日期：＿＿年＿＿月＿＿日

隐蔽检查内容：			
监理工程师验核意见： 验核人：	试验单、合格证、其他证明文件等编号		
	名称或直径	出厂合格证编号	证明单编号
参加核查人员意见： 核查人：			

单位工程技术负责人：　　　　　质量检查员：　　　　　填表人：

注：本表适用于混凝土、钢筋、埋地工程、砌体埋筋、屋面、回填土等工程隐蔽。

3.15　240 实心砖 T 形墙(带构造柱)砌筑

240 实心砖 T 形墙(带构造柱)砌筑实训项目任务指导书

所属专业：　　　　　　　指导教师：　　　　　　　编制序号：施工-砌筑-2

实训项目名称	240 实心砖 T 形墙(带构造柱)砌筑	实训地点	实训厂房
		实训学时	2
适用专业	建设工程管理、建设工程监理、工程造价、建筑工程技术及其他相近专业		
实训目的	1. 加深对实心砖砌筑工程施工工艺的理解和运用。 2. 通过课程设计的实训训练，学生应能掌握实心砖砌筑工程的施工流程、施工操作要点、质量控制点的设置、质量验收程序、质量验收标准、质量验收方法等理论知识及实际操作，并能将理论知识运用到实际操作中		
实训任务及要求	实训任务： 1. 完成(1000＋500＋1000)mm×2000mm×240mm 实心砖 T 形墙砂浆配合比换算、材料工程量计算、砌筑成型、质量检验。 2. 填写砖砌体工程检验批质量验收记录、砖砌体隐蔽工程检查验收记录。 实训要求： 1. 配合比换算准确；材料计算准确，材料计划单填写认真；砖墙砌筑符合验收规范要求，质量验收记录填写认真。 2. 课程实训小组应独立完成实训任务，严禁抄袭，培养团队的合作精神及严谨的职业态度		
所需主要仪器设备	某工程平面图、《质量验收规范》、手推车、卸料铁板、灰槽、锹、砌筑瓦刀、卷尺、石笔、手套等		
实训组织	学生分组，每组 4～5 人，教师讲解施工过程及操作要点并进行示范，学生自己动手操作，操作完成后相互点评，最后由教师进行总结		
实训步骤	1. 熟悉图纸； 2. 进行配合比换算，砖、水泥、砂子用量计算，并填写材料计划单； 3. 按照配比单拌制砌筑砂浆，将砖润湿； 4. 抄平、放线、摆砖、立皮数杆、盘角、挂线、铺灰砌筑； 5. 放置混凝土块、预制过梁； 6. 进行质量检验，并填写砖砌体工程质量验收记录、砖砌体隐蔽工程检查验收记录		
实训预计成果(结论)	1. 砌筑水泥混合砂浆配比单； 2. 砌筑完成且质量合格的砖墙； 3. 砖砌体工程检验批质量验收记录； 4. 砖砌体隐蔽工程检查验收记录		
考核标准	本实训成绩占期末总成绩一定比例，具体比例由任课教师根据授课情况确定。 1. 考勤标准(20％)：能够按时出勤，不迟到、不早退，态度认真，遵守实训纪律。 2. 成果标准(50％)：砂浆配合比换算准确，材料单填写准确，砖墙砌筑符合图纸及规范要求。 3. 表格质量(30％)：按照质量验收规范要求填写，内容准确，字迹工整		

240 实心砖 T 形墙(带构造柱)砌筑实训成果

所属班级：　　　　　　　学生姓名：　　　　　　　　编制时间：

1.砌筑水泥混合砂浆配比单(表 3-14)。

表 3-14 **M __水泥混合砂浆配合比**

使用部位：_____　　　　　　坍落度：_____　　　　　　日期：　年　月　日

材料 项目　　数量	水泥	砂子	石灰	水/(kg/m³)
实验室配合比				
现场配合比				
500 搅拌机/ (kg/罐)				
350 搅拌机/ (kg/罐)				
砂子含水率/%				

2.砌筑完成且质量合格的砖墙(图 3-15 仅供参考)。

图 3-15

3.砖砌体工程检验批质量验收记录。

4.砖砌体隐蔽工程检查验收记录

DB 21/1234—2003

砖砌体工程检验批质量验收记录

工程名称				分项工程名称						砖砌体		验收部位		
施工单位				专业工长								项目经理		
施工执行标准名称及编号														
分包单位				分包项目经理								施工班长		

<table>
<tr><td colspan="2">序号</td><td colspan="4">项目</td><td colspan="12">检查评定记录</td><td>合格率/%</td><td>监理（建设）单位验收记录</td></tr>
<tr><td rowspan="14">主控项目</td><td rowspan="2">*1</td><td colspan="2">砖强度等级</td><td colspan="2">设计要求 MU</td><td colspan="12"></td><td></td><td rowspan="14"></td></tr>
<tr><td colspan="2">砂浆强度等级</td><td colspan="2">设计要求 M</td><td colspan="12"></td><td></td></tr>
<tr><td>*2</td><td colspan="3">斜槎留置</td><td colspan="12"></td><td></td></tr>
<tr><td>3</td><td colspan="3">直槎拉结钢筋及接槎处理</td><td colspan="12"></td><td></td></tr>
<tr><td>4</td><td colspan="3">砂浆饱满度</td><td colspan="2">≥80%</td><td colspan="10"></td><td></td></tr>
<tr><td>序号</td><td colspan="3">项目</td><td colspan="2">允许偏差/mm</td><td colspan="10">实测偏差/mm</td><td></td></tr>
<tr><td></td><td colspan="3"></td><td colspan="2"></td><td>1</td><td>2</td><td>3</td><td>4</td><td>5</td><td>6</td><td>7</td><td>8</td><td>9</td><td>10</td><td></td></tr>
<tr><td>5</td><td colspan="3">轴线位移</td><td colspan="2">10mm</td><td colspan="10"></td><td></td></tr>
<tr><td rowspan="3">6</td><td rowspan="3">垂直度</td><td colspan="2">每层</td><td colspan="2">5mm</td><td colspan="10"></td><td></td></tr>
<tr><td rowspan="2">全高</td><td>≤10m</td><td colspan="2">10mm</td><td colspan="10"></td><td></td></tr>
<tr><td>>10m</td><td colspan="2">20mm</td><td colspan="10"></td><td></td></tr>
</table>

<table>
<tr><td rowspan="15">一般项目</td><td>1</td><td colspan="3">组砌方法</td><td colspan="2"></td><td colspan="10"></td><td></td><td rowspan="15"></td></tr>
<tr><td>2</td><td colspan="3">水平灰缝厚度 10 皮砖累计</td><td colspan="2">±8</td><td colspan="10"></td><td></td></tr>
<tr><td>序号</td><td colspan="3">项目</td><td colspan="2">允许偏差/mm</td><td colspan="10">实测偏差/mm</td><td></td></tr>
<tr><td></td><td colspan="3"></td><td colspan="2"></td><td>1</td><td>2</td><td>3</td><td>4</td><td>5</td><td>6</td><td>7</td><td>8</td><td>9</td><td>10</td><td></td></tr>
<tr><td rowspan="2">3</td><td colspan="3" rowspan="2">基础顶（楼）面标高</td><td colspan="2" rowspan="2">±15mm</td><td colspan="10">顶面</td><td></td></tr>
<tr><td colspan="10">楼面</td><td></td></tr>
<tr><td rowspan="2">4</td><td colspan="3" rowspan="2">表面平整度</td><td colspan="2">清水 5mm</td><td colspan="10"></td><td></td></tr>
<tr><td colspan="2">混水 8mm</td><td colspan="10"></td><td></td></tr>
<tr><td rowspan="2">5</td><td colspan="3" rowspan="2">门窗洞口</td><td colspan="2" rowspan="2">±5mm</td><td colspan="10">高</td><td></td></tr>
<tr><td colspan="10">宽</td><td></td></tr>
<tr><td>6</td><td colspan="3">窗口偏移</td><td colspan="2">20mm</td><td colspan="10"></td><td></td></tr>
<tr><td rowspan="2">7</td><td colspan="3" rowspan="2">水平灰缝平直度</td><td colspan="2">清水 7mm</td><td colspan="10"></td><td></td></tr>
<tr><td colspan="2">混水 10mm</td><td colspan="10"></td><td></td></tr>
<tr><td>8</td><td colspan="3">清水墙游丁走缝</td><td colspan="2">20mm</td><td colspan="10"></td><td></td></tr>
</table>

施工单位检查评定结果	项目专业质量检查员：　　　　　　　　　　　　　　年　　月　　日
监理（建设）单位验收结论	监理工程师： （建设单位项目专业技术负责人）　　　　　　　　　年　　月　　日

归档编号：C2-5-1-5

砌砖体隐蔽工程检查验收记录

工程名称：_____ 建设单位：_____ 图号：_____

隐蔽部位：_____ 施工单位：_____ 隐蔽日期：___年___月___日

隐蔽检查内容：

监理工程师验核意见：	试验单、合格证、其他证明文件等编号		
	名称或直径	出厂合格证编号	证明单编号
验核人：			
参加核查人员意见：			
核查人：			

单位工程技术负责人：　　　　　　质量检查员：　　　　　　填表人：

注：本表适用于混凝土、钢筋、埋地工程、砌体埋筋、屋面、回填土等工程隐蔽。

3.16 240实心砖T形墙(带矩形窗口、混凝土块、过梁、窗台板带)砌筑

240实心砖T形墙(带矩形窗口、混凝土块、过梁、窗台板带)砌筑
实训项目任务指导书

所属专业：　　　　　　指导教师：　　　　　　编制序号：施工-砌筑-3

实训项目名称	240实心砖T形墙(带矩形窗口、混凝土块、过梁、窗台板带)砌筑	实训地点	实训厂房
		实训学时	2
适用专业	建设工程管理、建设工程监理、工程造价、建筑工程技术及其他相近专业		
实训目的	1.加深对实心砖砌筑工程施工工艺的理解和运用。 2.通过课程设计的实训训练，学生应能掌握实心砖砌筑工程的施工流程、施工操作要点、质量控制点的设置、质量验收程序、质量验收标准、质量验收方法等理论知识及实际操作，并能将理论知识运用到实际操作中		
实训任务及要求	实训任务： 1.完成实心砖墙(3000mm×2000mm×240mm)砂浆配合比换算、材料工程量计算、砌筑成型、质量检验。 2.填写砖砌体工程检验批质量验收记录、砖砌体隐蔽工程检查验收记录。 实训要求： 1.配合比换算准确；材料计算准确，材料计划单填写认真；砖墙砌筑符合验收规范要求，质量验收记录填写认真。 2.课程实训小组应独立完成实训任务，严禁抄袭，培养团队的合作精神及严谨的职业态度		
所需主要仪器设备	某工程平面图、《质量验收规范》、手推车、卸料铁板、灰槽、锹、砌筑瓦刀、卷尺、石笔、手套等		
实训组织	学生分组，每组4~5人，教师讲解施工过程及操作要点并进行示范，学生自己动手操作，操作完成后相互点评，最后由教师进行总结		
实训步骤	1.熟悉图纸； 2.进行配合比换算，砖、水泥、砂子用量计算，并填写材料计划单； 3.按照配比单拌制砌筑砂浆，将砖润湿； 4.抄平、放线、摆砖、立皮数杆、盘角、挂线、铺灰砌筑； 5.放置混凝土块、预制过梁； 6.进行质量检验，并填写砖砌体工程质量验收记录、砖砌体隐蔽工程检查验收记录		
实训预计成果(结论)	1.砌筑水泥混合砂浆配比单； 2.砌筑完成且质量合格的砖墙； 3.砖砌体工程检验批质量验收记录； 4.砖砌体隐蔽工程检查验收记录		
考核标准	本实训成绩占期末总成绩一定比例，具体比例由任课教师根据授课情况确定。 1.考勤标准(20%)：能够按时出勤，不迟到、不早退，态度认真，遵守实训纪律。 2.成果标准(50%)：砂浆配合比换算准确，材料单填写准确，砖墙砌筑符合图纸及规范要求。 3.表格质量(30%)：按照质量验收规范要求填写，内容准确，字迹工整		

240 实心砖 T 形墙(带矩形窗口、混凝土块、过梁、窗台板带)砌筑实训成果

所属班级： 学生姓名： 编制时间：

1. 砌筑水泥混合砂浆配比单(表 3-15)。

表 3-15   **M __水泥混合砂浆配合比**

使用部位：_____   稠度：_____   日期： 年 月 日

材料 项目　　数量	水泥	砂子	石灰	水/(kg/m³)
实验室配合比				
现场配合比				
500 搅拌机/(kg/罐)				
350 搅拌机/(kg/罐)				
砂子含水率/%				

2. 砌筑完成且质量合格的砖墙(图 3-16 仅供参考)。

图 3-16

3. 砖砌体工程检验批质量验收记录。

4. 砖砌体隐蔽工程检查验收记录

DB 21/1234—2003

砖砌体工程检验批质量验收记录

工程名称						分项工程名称		砖砌体					验收部位		
施工单位						专业工长							项目经理		
施工执行标准名称及编号															
分包单位						分包项目经理							施工班长		

	序号	项目		检查评定记录											合格率/%	监理（建设）单位验收记录
主控项目	*1	砖强度等级	设计要求 MU													
		砂浆强度等级	设计要求 M													
	*2	斜槎留置														
	3	直槎拉结钢筋及接槎处理														
	4	砂浆饱满度	≥80%													

	序号	项目	允许偏差/mm	实测偏差/mm										合格率/%	监理（建设）单位验收记录
				1	2	3	4	5	6	7	8	9	10		
主控项目	5	轴线位移	10mm												
	6	垂直度 每层	5mm												
		垂直度 全高 ≤10m	10mm												
		垂直度 全高 >10m	20mm												

	序号	项目			允许偏差/mm		检查评定记录								合格率/%	监理（建设）单位验收记录
一般项目	1	组砌方法														
	2	水平灰缝厚度 10 皮砖累计±8														

	序号	项目		允许偏差/mm	实测偏差/mm										合格率/%	监理（建设）单位验收记录
					1	2	3	4	5	6	7	8	9	10		
一般项目	3	基础顶（楼）面标高	顶面	±15mm												
			楼面													
	4	表面平整度	清水 5mm													
			混水 8mm													
	5	门窗洞口	高	±5mm												
			宽													
	6	窗口偏移	20mm													
	7	水平灰缝平直度	清水 7mm													
			混水 10mm													
	8	清水墙游丁走缝	20mm													

施工单位检查评定结果	项目专业质量检查员：　　　　　　　　　　　　　年　　月　　日
监理（建设）单位验收结论	监理工程师： （建设单位项目专业技术负责人）　　　　　　　　年　　月　　日

归档编号：C2-5-1-5

砌砖体隐蔽工程检查验收记录

工程名称：_____ 建设单位：_____ 图号：_____

隐蔽部位：_____ 施工单位：_____ 隐蔽日期：___年___月___日

隐蔽检查内容：			
监理工程师验核意见：	试验单、合格证、其他证明文件等编号		
	名称或直径	出厂合格证编号	证明单编号
验核人：			
参加核查人员意见：			
核查人：			

单位工程技术负责人：_____ 质量检查员：_____ 填表人：_____

注：本表适用于混凝土、钢筋、埋地工程、砌体埋筋、屋面、回填土等工程隐蔽。

3.17 240实心砖转角墙(带拱形窗)砌筑

240实心砖转角墙(带拱形窗)砌筑实训项目任务指导书

所属专业：　　　　　　　　指导教师：　　　　　　编制序号:施工-砌筑-4

实训项目名称	240实心砖转角墙(带拱形窗)砌筑	实训地点	实训厂房
		实训学时	2
适用专业	建设工程管理、建设工程监理、工程造价、建筑工程技术及其他相近专业		
实训目的	1.加深对实心砖砌筑工程施工工艺的理解和运用。 2.通过课程设计的实训训练,学生应能掌握实心砖砌筑工程的施工流程、施工操作要点、质量控制点的设置、质量验收程序、质量验收标准、质量验收方法等理论知识及实际操作,并能将理论知识运用到实际操作中		
实训任务及要求	实训任务： 1.完成(1000＋2000)mm×2000mm×240mm砂浆配合比换算、材料工程量计算、砌筑成型、质量检验。 2.填写砖砌体工程检验批质量验收记录、砖砌体隐蔽工程检查验收记录。 实训要求： 1.配合比换算准确;材料计算准确,材料计划单填写认真;砖墙砌筑符合验收规范要求,质量验收记录填写认真。 2.课程实训小组应独立完成实训任务,严禁抄袭,培养团队的合作精神及严谨的职业态度		
所需主要仪器设备	某工程平面图、《质量验收规范》、手推车、卸料铁板、灰槽、锹、砌筑瓦刀、卷尺、石笔、手套等		
实训组织	学生分组,每组4～5人,教师讲解施工过程及操作要点并进行示范,学生自己动手操作,操作完成后相互点评,最后由教师进行总结		
实训步骤	1.熟悉图纸; 2.进行配合比换算,砖、水泥、砂子用量计算,并填写材料计划单; 3.按照配比单拌制砌筑砂浆,将砖润湿; 4.抄平、放线、摆砖、立皮数杆、盘角、挂线、铺灰砌筑; 5.放置混凝土块、预制过梁; 6.进行质量检验,并填写砖砌体工程检验批质量验收记录、砖砌体隐蔽工程检查验收记录		
实训预计成果(结论)	1.砌筑水泥混合砂浆配比单; 2.砌筑完成且质量合格的砖墙; 3.砖砌体工程检验批质量验收记录; 4.砖砌体隐蔽工程检查验收记录		
考核标准	本实训成绩占期末总成绩一定比例,具体比例由任课教师根据授课情况确定。 1.考勤标准(20％):能够按时出勤,不迟到、不早退,态度认真,遵守实训纪律。 2.成果标准(50％):砂浆配合比换算准确,材料单填写准确,砖墙砌筑符合图纸及规范要求。 3.表格质量(30％):按照质量验收规范要求填写,内容准确,字迹工整		

240 实心砖转角墙（带拱形窗）砌筑实训成果

所属班级：　　　　　　学生姓名：　　　　　　编制时间：

1. 砌筑水泥混合砂浆配比单（表 3-16）。

表 3-16　　　　　　　　**M ＿水泥混合砂浆配合比**

使用部位：＿＿＿＿＿＿　　　稠度：＿＿＿＿＿＿　　　日期：　年　月　日

项目　数量＼材料	水泥	砂子	石灰	水/（kg/m³）
实验室配合比				
现场配合比				
500 搅拌机/（kg/罐）				
350 搅拌机/（kg/罐）				
砂子含水率/%				

2. 砌筑完成且质量合格的砖墙（图 3-17 仅供参考）。

图 3-17

3. 砖砌体工程检验批质量验收记录。

4. 砖砌体隐蔽工程检查验收记录

DB 21/1234—2003

砖砌体工程检验批质量验收记录

工程名称			分项工程名称	砖砌体	验收部位	
施工单位			专业工长		项目经理	
施工执行标准名称及编号						
分包单位			分包项目经理		施工班长	

	序号	项目		检查评定记录										合格率/%	监理（建设）单位验收记录
主控项目	*1	砖强度等级	设计要求 MU												
		砂浆强度等级	设计要求 M												
	*2	斜槎留置													
	3	直槎拉结钢筋及接槎处理													
	4	砂浆饱满度	≥80%												

	序号	项目	允许偏差/mm	实测偏差/mm										合格率/%	监理（建设）单位验收记录
				1	2	3	4	5	6	7	8	9	10		
主控项目	5	轴线位移	10mm												
	6 垂直度	每层	5mm												
		全高 ≤10m	10mm												
		>10m	20mm												

	序号	项目	允许偏差/mm											合格率/%	监理（建设）单位验收记录
一般项目	1	组砌方法													
	2	水平灰缝厚度 10 皮砖累计 ±8													

	序号	项目	允许偏差/mm	实测偏差/mm										合格率/%	监理（建设）单位验收记录
				1	2	3	4	5	6	7	8	9	10		
一般项目	3	基础顶（楼）面标高	±15mm 顶面												
			楼面												
	4	表面平整度	清水 5mm												
			混水 8mm												
	5	门窗洞口	±5mm 高												
			宽												
	6	窗口偏移	20mm												
	7	水平灰缝平直度	清水 7mm												
			混水 10mm												
	8	清水墙游丁走缝	20mm												

施工单位检查评定结果	项目专业质量检查员：　　　　　　　　　　　　　　年　月　日
监理（建设）单位验收结论	监理工程师： （建设单位项目专业技术负责人）　　　　　　　　　　年　月　日

归档编号：C2-5-1-5

砌砖体隐蔽工程检查验收记录

工程名称：＿＿＿＿＿＿＿＿＿　　建设单位：＿＿＿＿＿＿＿＿　　图号：＿＿＿＿＿＿＿＿

隐蔽部位：＿＿＿＿＿＿＿＿＿　　施工单位：＿＿＿＿＿＿＿　　隐蔽日期：＿＿年＿＿月＿＿日

隐蔽检查内容：		
监理工程师验核意见： 验核人：	试验单、合格证、其他证明文件等编号		
	名称或直径	出厂合格证编号	证明单编号
参加核查人员意见： 核查人：			

单位工程技术负责人：　　　　　质量检查员：　　　　　填表人：

注：本表适用于混凝土、钢筋、埋地工程、砌体埋筋、屋面、回填土等工程隐蔽。

3.18　200 混凝土空心砌块直墙(带门口)砌筑

200 混凝土空心砌块直墙(带门口)砌筑实训项目任务指导书

所属专业：　　　　　　指导教师：　　　　　　编制序号：施工-砌筑-5

实训项目名称	200 混凝土空心砌块直墙(带门口)砌筑	实训地点	实训厂房
		实训学时	2
适用专业	建设工程管理、建设工程监理、工程造价、建筑工程技术及其他相近专业		
实训目的	1.加深对混凝土空心砖砌筑工程施工工艺的理解和运用。 2.通过课程设计的实训训练,学生应能掌握实心砖砌筑工程的施工流程、施工操作要点、质量控制点的设置、质量验收程序、质量验收标准、质量验收方法等理论知识及实际操作,并能将理论知识运用到实际操作中		
实训任务及要求	实训任务： 1.完成混凝土空心砖墙(3000mm×2000mm×200mm)砂浆配合比换算、材料工程量计算、砌筑成型、质量检验。 2.填写混凝土小型空心砌块工程检验批质量验收记录、砖砌体隐蔽工程检查验收记录。 实训要求： 1.配合比换算准确;材料计算准确,材料计划单填写认真;砖墙砌筑符合验收规范要求,质量验收记录填写认真。 2.课程实训小组应独立完成实训任务,严禁抄袭,培养团队的合作精神及严谨的职业态度		
所需主要仪器设备	某工程平面图、《质量验收规范》、手推车、卸料铁板、灰槽、锹、砌筑瓦刀、卷尺、石笔、手套等		
实训组织	学生分组,每组 4～5 人,教师讲解施工过程及操作要点并进行示范,学生自己动手操作,操作完成后相互点评,最后由教师进行总结		
实训步骤	1.熟悉图纸; 2.进行配合比换算,砖、水泥、砂子用量计算,并填写材料计划单; 3.按照配比单拌制砌筑砂浆,将砖润湿; 4.抄平、放线、摆砖、立皮数杆、盘角、挂线、铺灰砌筑; 5.放置混凝土块、预制过梁; 6.进行质量检验,并填写混凝土小型空心砌块工程检验批质量验收记录、砖砌体隐蔽工程检查验收记录		
实训预计成果(结论)	1.砌筑水泥混合砂浆配比单; 2.砌筑完成且质量合格的砖墙; 3.混凝土小型空心砌块工程检验批质量验收记录; 4.砖砌体隐蔽工程检查验收记录		
考核标准	本实训成绩占期末总成绩一定比例,具体比例由任课教师根据授课情况确定。 1.考勤标准(20%):能够按时出勤,不迟到、不早退,态度认真,遵守实训纪律。 2.成果标准(50%):砂浆配合比换算准确,材料单填写准确,砖墙砌筑符合图纸及规范要求。 3.表格质量(30%):按照质量验收规范要求填写,内容准确,字迹工整		

200 混凝土空心砌块直墙(带门口)砌筑实训成果

所属班级：　　　　　　学生姓名：　　　　　　编制时间：

1. 砌筑水泥混合砂浆配比单(表 3-17)。

表 3-17　　　　　　　　　　**M ＿水泥混合砂浆配合比**

使用部位：＿＿＿＿＿　　　　稠度：＿＿＿＿　　　　　日期：　年　月　日

项目　数量 ＼ 材料	水泥	砂子	石灰	水/(kg/m³)
实验室配合比				
现场配合比				
500 搅拌机/(kg/罐)				
350 搅拌机/(kg/罐)				
砂子含水率/%				

2. 砌筑完成且质量合格的砖墙(图 3-18 仅供参考)。

图 3-18

3. 混凝土小型空心砌块工程检验批质量验收记录。

4. 砖砌体隐蔽工程检查验收记录

DB 21/1234—2003

混凝土小型空心砌块工程检验批质量验收记录

工程名称					分项工程名称	混凝土小型 空心砌块							验收部位		
施工单位					专业工长								项目经理		
施工执行标准 名称及编号															
分包单位					分包项目经理								施工班长		

主控项目	序号	项目			施工单位检查评定记录								合格 率/%	监理(建设) 单位验收结论	
	*1	小砌块强度等级 MU													
		砂浆强度等级 M													
	2	水平灰缝砂浆饱满度不小于90%													
		竖向灰缝砂浆饱满度不小于80%													
	*3	墙体转角和纵横交接													
	序号	项目		允许偏差/ mm	实测偏差/mm										
					1 2 3 4 5 6 7 8 9 10										
	4	轴线位移		10											
	5	垂直度	每层	5											
			全高 ≤10m	10											
			全高 >10m	20											

一般项目	1	标高	基础顶	±15											
			楼面												
	2	表面平整度	清水墙柱	5											
			混水墙柱	8											
	3	门窗洞口	宽度	±5											
			高度												
	4	外墙窗口偏移		20											
	5	水平灰缝 平直度	清水墙	7											
			混水墙	10											
	6	灰缝宜为 10mm	水平灰缝厚	±2											
			竖向灰缝宽	±2											

施工单位检查 评定结果	项目专业质量检查员： 年 月 日
监理(建设) 单位验收结论	监理工程师： (建设单位项目专业技术负责人) 年 月 日

归档编号：C2-5-1-5

砌砖体隐蔽工程检查验收记录

工程名称：_____ 建设单位：_____ 图号：_____

隐蔽部位：_____ 施工单位：_____ 隐蔽日期：___年___月___日

隐蔽检查内容：			
监理工程师验核意见： 验核人：	试验单、合格证、其他证明文件等编号		
	名称或直径	出厂合格证编号	证明单编号
参加核查人员意见： 核查人：			

单位工程技术负责人： 质量检查员： 填表人：

注：本表适用于混凝土、钢筋、埋地工程、砌体埋筋、屋面、回填土等工程隐蔽。

3.19 200 混凝土空心砌块 T 形墙(带构造柱)砌筑

200 混凝土空心砌块 T 形墙(带构造柱)砌筑实训项目任务指导书

所属专业： 　　　　指导教师： 　　　　编制序号:施工-砌筑-6

实训项目名称	200 混凝土空心砌块 T 形墙(带构造柱)砌筑	实训地点	实训厂房
		实训学时	2
适用专业	建设工程管理、建设工程监理、工程造价、建筑工程技术及其他相近专业		
实训目的	1.加深对混凝土小型空心砌块砌筑工程施工工艺的理解和运用。 2.通过课程设计的实训训练,学生应能掌握实心砖砌筑工程的施工流程、施工操作要点、质量控制点的设置、质量验收程序、质量验收标准、质量验收方法等理论知识及实际操作,并能将理论知识运用到实际操作中		
实训任务及要求	实训任务: 1.完成(1000＋500＋1000)mm×2000mm×240mm 砂浆配合比换算、材料工程量计算、砌筑成型、质量检验。 2.填写混凝土小型空心砌块工程检验批质量验收记录、砖砌体隐蔽工程检查验收记录。 实训要求: 1.配合比换算准确;材料计算准确,材料计划单填写认真;砖墙砌筑符合验收规范要求,质量验收记录填写认真。 2.课程实训小组应独立完成实训任务,严禁抄袭,培养团队的合作精神及严谨的职业态度		
所需主要仪器设备	某工程平面图、《质量验收规范》、手推车、卸料铁板、灰槽、锹、砌筑瓦刀、卷尺、石笔、手套等		
实训组织	学生分组,每组 4～5 人,教师讲解施工过程及操作要点并进行示范,学生自己动手操作,操作完成后相互点评,最后由教师进行总结		
实训步骤	1.熟悉图纸; 2.进行配合比换算,砖、水泥、砂子用量计算,并填写材料计划单; 3.按照配比单拌制砌筑砂浆,将砖润湿; 4.抄平、放线、摆砖、立皮数杆、盘角、挂线、铺灰砌筑; 5.放置混凝土块、预制过梁; 6.进行质量检验,并填写混凝土小型空心砌块工程检验批质量验收记录、砖砌体隐蔽工程检查验收记录		
实训预计成果(结论)	1.砌筑水泥混合砂浆配比单; 2.砌筑完成且质量合格的砖墙; 3.混凝土小型空心砌块工程检验批质量验收记录; 4.砖砌体隐蔽工程检查验收记录		
考核标准	本实训成绩占期末总成绩一定比例,具体比例由任课教师根据授课情况确定。 1.考勤标准(20%):能够按时出勤,不迟到、不早退,态度认真,遵守实训纪律。 2.成果标准(50%):砂浆配合比换算准确,材料单填写准确,砖墙砌筑符合图纸及规范要求。 3.表格质量(30%):按照质量验收规范要求填写,内容准确,字迹工整		

200 混凝土空心砌块 T 形墙(带构造柱)砌筑实训成果

所属班级：　　　　　　学生姓名：　　　　　　编制时间：

1.砌筑水泥混合砂浆配比单(表 3-18)。

表 3-18　　　　　　　　　　M __水泥混合砂浆配合比

使用部位：_____　　　　　稠度：_____　　　　日期：　年　月　日

项目 \ 数量 \ 材料	水泥	砂子	石灰	水/(kg/m³)
实验室配合比				
现场配合比				
500 搅拌机/(kg/罐)				
350 搅拌机/(kg/罐)				
砂子含水率/%				

2.砌筑完成且质量合格的砖墙(图 3-19 仅供参考)。

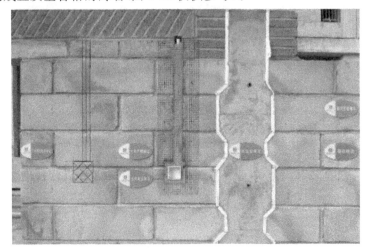

图 3-19

3.混凝土小型空心砌块工程检验批质量验收记录。

4.砖砌体隐蔽工程检查验收记录

DB 21/1234—2003

混凝土小型空心砌块工程检验批质量验收记录

工程名称			分项工程名称	混凝土小型空心砌块		验收部位	
施工单位			专业工长			项目经理	
施工执行标准名称及编号							
分包单位			分包项目经理			施工班长	

主控项目	序号	项目			施工单位检查评定记录					合格率/%	监理(建设)单位验收结论	
	*1	小砌块强度等级 MU										
		砂浆强度等级 M										
	2	水平灰缝砂浆饱满度不小于90%										
		竖向灰缝砂浆饱满度不小于80%										
	*3	墙体转角和纵横交接										

	序号	项目		允许偏差/mm	实测偏差/mm 1 2 3 4 5 6 7 8 9 10	合格率/%	监理(建设)单位验收结论
主控项目	4	轴线位移		10			
	5	垂直度	每层	5			
			全高 ≤10m	10			
			全高 >10m	20			
一般项目	1	标高	基础顶	±15			
			楼面				
	2	表面平整度	清水墙柱	5			
			混水墙柱	8			
	3	门窗洞口	宽度	±5			
			高度				
	4	外墙窗口偏移		20			
	5	水平灰缝平直度	清水墙	7			
			混水墙	10			
	6	灰缝宜为10mm	水平灰缝厚	±2			
			竖向灰缝宽	±2			

施工单位检查评定结果	项目专业质量检查员: 年 月 日
监理(建设)单位验收结论	监理工程师: (建设单位项目专业技术负责人) 年 月 日

归档编号：C2-5-1-5

砌砖体隐蔽工程检查验收记录

工程名称：_____　　建设单位：_____　　图号：_____

隐蔽部位：_____　　施工单位：_____　　隐蔽日期：___年___月___日

隐蔽检查内容：		

监理工程师验核意见：	试验单、合格证、其他证明文件等编号		
	名称或直径	出厂合格证编号	证明单编号
验核人：			
参加核查人员意见：			
核查人：			

单位工程技术负责人：　　　　　　质量检查员：　　　　　　填表人：

注：本表适用于混凝土、钢筋、埋地工程、砌体埋筋、屋面、回填土等工程隐蔽。

3.20　200混凝土空心砌块T形墙(带窗口及过梁)砌筑

200混凝土空心砌块T形墙(带窗口及过梁)砌筑实训项目任务指导书

所属专业：　　　　　　　指导教师：　　　　　　　编制序号：施工-砌筑-7

实训项目名称	200混凝土空心砌块T形墙(带窗口及过梁)砌筑	实训地点	实训厂房
		实训学时	2
适用专业	建设工程管理、建设工程监理、工程造价、建筑工程技术及其他相近专业		
实训目的	1.加深对混凝土空心砖砌筑工程施工工艺的理解和运用。 2.通过课程设计的实训训练,学生应能掌握混凝土空心砖砌筑工程的施工流程、施工操作要点、质量控制点的设置、质量验收程序、质量验收标准、质量验收方法等理论知识及实际操作,并能将理论知识运用到实际操作中		
实训任务及要求	实训任务： 1.完成混凝土空心砖墙(3000mm×2000mm×200mm)砂浆配合比换算、材料工程量计算、砌筑成型、质量检验。 2.填写混凝土小型空心砌块工程检验批质量验收记录、砖砌体隐蔽工程检查验收记录。 实训要求： 1.配合比换算准确;材料计算准确,材料计划单填写认真;砖墙砌筑符合验收规范要求,质量验收记录填写认真。 2.课程实训小组应独立完成,严禁抄袭,培养团队的合作精神及严谨的职业态度		
所需主要仪器设备	某工程平面图、《质量验收规范》、手推车、卸料铁板、灰槽、锹、砌筑瓦刀、卷尺、石笔、手套等		
实训组织	学生分组,每组4~5人,教师讲解施工过程及操作要点并进行示范,学生自己动手操作,操作完成后相互点评,最后由教师进行总结		
实训步骤	1.熟悉图纸; 2.进行配合比换算,砖、水泥、砂子用量计算,并填写材料计划单; 3.按照配比单拌制砌筑砂浆,砖湿润; 4.抄平、放线、摆砖、立皮数杆、盘角、挂线、铺灰砌筑; 5.放置混凝土块、预制过梁; 6.进行质量检验,并填写混凝土小型空心砌块工程检验批质量验收记录、砖砌体隐蔽工程检查验收记录		
实训预计成果(结论)	1.砌筑水泥混合砂浆配比单; 2.砌筑完成且质量合格的砖墙; 3.混凝土小型空心砌块工程检验批质量验收记录; 4.砖砌体隐蔽工程检查验收记录		
考核标准	本实训成绩占期末总成绩一定比例,具体比例由任课教师根据授课情况确定。 1.考勤标准(20%):能够按时出勤,不迟到、不早退,态度认真,遵守实训纪律。 2.成果标准(50%):砂浆配合比换算准确,材料单填写准确,砖墙砌筑符合图纸及规范要求。 3.表格质量(30%):按照质量验收规范要求填写,内容准确,字迹工整		

200 混凝土空心砌块 T 形墙(带窗口及过梁)砌筑实训成果

所属班级：　　　　　　学生姓名：　　　　　　编制时间：

1. 砌筑水泥混合砂浆配比单(表 3-19)。

表 3-19　　　　　　　　　　**M＿＿水泥混合砂浆配合比**

使用部位：＿＿＿＿＿　　稠度：＿＿＿＿＿　　日期：　年　月　日

项目　　　　材料　　　数量	水泥	砂子	石子	水/(kg/m³)
实验室配合比				
现场配合比				
500 搅拌机/(kg/罐)				
350 搅拌机/(kg/罐)				
砂子含水率/%				

2. 砌筑完成且质量合格的砖墙(图 3-20 仅供参考)。

图 3-20

3. 混凝土小型砌块工程检验批质量验收记录。

4. 砖砌体隐蔽工程检查验收记录

DB 21/1234—2003

混凝土小型空心砌块工程检验批质量验收记录

<table>
<tr><td>工程名称</td><td colspan="2"></td><td>分项工程名称</td><td colspan="2">混凝土小型
空心砌块</td><td>验收部位</td><td colspan="3"></td></tr>
<tr><td>施工单位</td><td colspan="2"></td><td colspan="2">专业工长</td><td></td><td>项目经理</td><td colspan="3"></td></tr>
<tr><td>施工执行标准
名称及编号</td><td colspan="9"></td></tr>
<tr><td>分包单位</td><td colspan="2"></td><td colspan="2">分包项目经理</td><td></td><td>施工班长</td><td colspan="3"></td></tr>
<tr><td rowspan="10">主控项目</td><td>序
号</td><td colspan="2">项目</td><td colspan="3">施工单位检查评定记录</td><td>合格
率/％</td><td colspan="3">监理(建设)
单位验收结论</td></tr>
<tr><td rowspan="2">*1</td><td colspan="2">小砌块强度等级 MU</td><td colspan="3"></td><td></td><td colspan="3"></td></tr>
<tr><td colspan="2">砂浆强度等级 M</td><td colspan="3"></td><td></td><td colspan="3"></td></tr>
<tr><td rowspan="2">2</td><td colspan="2">水平灰缝砂浆饱满度不小于90％</td><td colspan="3"></td><td></td><td colspan="3"></td></tr>
<tr><td colspan="2">竖向灰缝砂浆饱满度不小于80％</td><td colspan="3"></td><td></td><td colspan="3"></td></tr>
<tr><td>*3</td><td colspan="2">墙体转角和纵横交接</td><td colspan="3"></td><td></td><td colspan="3"></td></tr>
<tr><td>序
号</td><td>项目</td><td>允许偏差/
mm</td><td colspan="4">实测偏差/mm</td><td colspan="3"></td></tr>
<tr><td></td><td></td><td></td><td colspan="4">1 2 3 4 5 6 7 8 9 10</td><td colspan="3"></td></tr>
<tr><td>4</td><td>轴线位移</td><td>10</td><td colspan="4"></td><td colspan="3"></td></tr>
<tr><td>5</td><td colspan="2" style="text-align:left">垂直度 全高 每层   5
≤10m   10
>10m   20</td><td colspan="4"></td><td colspan="3"></td></tr>
<tr><td rowspan="11">一般项目</td><td>1</td><td>标高</td><td colspan="2">基础顶
楼面</td><td>±15</td><td colspan="2"></td><td colspan="3"></td></tr>
<tr><td rowspan="2">2</td><td rowspan="2">表面平整度</td><td colspan="2">清水墙柱</td><td>5</td><td colspan="2"></td><td colspan="3"></td></tr>
<tr><td colspan="2">混水墙柱</td><td>8</td><td colspan="2"></td><td colspan="3"></td></tr>
<tr><td rowspan="2">3</td><td rowspan="2">门窗洞口</td><td colspan="2">宽度</td><td rowspan="2">±5</td><td colspan="2"></td><td colspan="3"></td></tr>
<tr><td colspan="2">高度</td><td colspan="2"></td><td colspan="3"></td></tr>
<tr><td>4</td><td>外墙窗口偏移</td><td colspan="2"></td><td>20</td><td colspan="2"></td><td colspan="3"></td></tr>
<tr><td rowspan="2">5</td><td rowspan="2">水平灰缝
平直度</td><td colspan="2">清水墙</td><td>7</td><td colspan="2"></td><td colspan="3"></td></tr>
<tr><td colspan="2">混水墙</td><td>10</td><td colspan="2"></td><td colspan="3"></td></tr>
<tr><td rowspan="2">6</td><td rowspan="2">灰缝宜为
10mm</td><td colspan="2">水平灰缝厚</td><td>±2</td><td colspan="2"></td><td colspan="3"></td></tr>
<tr><td colspan="2">竖向灰缝宽</td><td>±2</td><td colspan="2"></td><td colspan="3"></td></tr>
<tr><td colspan="2">施工单位检查
评定结果</td><td colspan="8">项目专业质量检查员：

年　月　日</td></tr>
<tr><td colspan="2">监理(建设)
单位验收结论</td><td colspan="8">监理工程师：
(建设单位项目专业技术负责人)
年　月　日</td></tr>
</table>

归档编号：C2-5-1-5

砌砖体隐蔽工程检查验收记录

工程名称：＿＿＿＿＿＿＿＿＿　　　建设单位：＿＿＿＿＿＿＿＿　　　图号：＿＿＿＿＿＿＿＿＿

隐蔽部位：＿＿＿＿＿＿＿＿＿　　　施工单位：＿＿＿＿＿＿＿＿　　　隐蔽日期：＿＿年＿＿月＿＿日

隐蔽检查内容：			
监理工程师验核意见：	试验单、合格证、其他证明文件等编号		
	名称或直径	出厂合格证编号	证明单编号
验核人：			
参加核查人员意见：			
核查人：			

单位工程技术负责人：　　　　　　质量检查员：　　　　　　填表人：

注：本表适用于混凝土、钢筋、埋地工程、砌体埋筋、屋面、回填土等工程隐蔽。

3.21　200 混凝土空心砌块 L 形墙砌筑(带拱形窗)

200 混凝土空心砌块 L 形墙(带拱形窗)砌筑实训项目任务指导书

所属专业：　　　　　指导教师：　　　　　编制序号:施工-砌筑-8

实训项目名称	200 混凝土空心砌块 L 形墙(带拱形窗)砌筑	实训地点	实训厂房
		实训学时	2
适用专业	建设工程管理、建设工程监理、工程造价、建筑工程技术及其他相近专业		
实训目的	1.加深对混凝土小型空心砌块砌筑工程施工工艺的理解和运用。 2.通过课程设计的实训训练,学生应能掌握混凝土小型空心砌块砌筑工程的施工流程、施工操作要点、质量控制点的设置、质量验收程序、质量验收标准、质量验收方法等理论知识及实际操作,并能将理论知识运用到实际操作中		
实训任务及要求	实训任务： 1.完成混凝土空心砖墙(2000+1000)mm×2000mm×240mm 砂浆配合比换算、材料工程量计算、砌筑成型、质量检验。 2.填写混凝土小型空心砌块工程检验批质量验收记录、砖砌体隐蔽工程检查验收记录。 实训要求： 1.配合比换算准确;材料计算准确,材料计划单填写认真;砖墙砌筑符合验收规范要求,质量验收记录填写认真。 2.课程实训小组应独立完成实训任务,严禁抄袭,培养团队的合作精神及严谨的职业态度		
所需主要仪器设备	某工程平面图、《质量验收规范》、手推车、卸料铁板、灰槽、锹、砌筑瓦刀、卷尺、石笔、手套等		
实训组织	学生分组,每组 4~5 人,教师讲解施工过程及操作要点并进行示范,学生自己动手操作,操作完成后相互点评,最后由教师进行总结		
实训步骤	1.熟悉图纸; 2.进行配合比换算,砖、水泥、砂子用量计算,并填写材料计划单; 3.按照配比单拌制砌筑砂浆,将砖润湿; 4.抄平、放线、摆砖、立皮数杆、盘角、挂线、铺灰砌筑; 5.放置混凝土块、预制过梁; 6.进行质量检验,并填写混凝土小型空心砌块工程检验批质量验收记录、砖砌体隐蔽工程检查验收记录		
实训预计成果(结论)	1.砌筑水泥混合砂浆配比单; 2.砌筑完成且质量合格的砖墙; 3.混凝土小型空心砌块工程检验批质量验收记录; 4.砖砌体隐蔽工程检查验收记录		
考核标准	本实训成绩占期末总成绩一定比例,具体比例由任课教师根据授课情况确定。 1.考勤标准(20%):能够按时出勤,不迟到、不早退,态度认真,遵守实训纪律。 2.成果标准(50%):砂浆配合比换算准确,材料单填写准确,砖墙砌筑符合图纸及规范要求。 3.表格质量(30%):按照质量验收规范要求填写,内容准确,字迹工整		

200 混凝土空心砌块 L 形墙（带拱形窗）砌筑实训成果

所属班级：　　　　　　学生姓名：　　　　　　编制时间：

1. 砌筑水泥混合砂浆配比单（表 3-20）。

表 3-20 　　　　　　　　　　**M ＿水泥混合砂浆配合比**

使用部位：＿＿＿＿＿　　　稠度：＿＿＿＿＿　　　　　　日期：　年　　月　　日

材料　　　数量 项目	水泥	砂子	石灰	水/（kg/m³）
实验室配合比				
现场配合比				
500 搅拌机/（kg/罐）				
350 搅拌机/（kg/罐）				
砂子含水率/%				

2. 砌筑完成且质量合格的砖墙（图 3-17 仅供参考）。

3. 混凝土小型空心砌块工程检验批质量验收记录。

4. 砖砌体隐蔽工程检查验收记录

DB 21/1234—2003

混凝土小型空心砌块工程检验批质量验收记录

工程名称				分项工程名称	混凝土小型空心砌块		验收部位									
施工单位				专业工长			项目经理									
施工执行标准名称及编号																
分包单位				分包项目经理			施工班长									

	序号	项目			施工单位检查评定记录									合格率/%	监理（建设）单位验收结论
主控项目	*1	小砌块强度等级 MU													
		砂浆强度等级 M													
	2	水平灰缝砂浆饱满度不小于90%													
		竖向灰缝砂浆饱满度不小于80%													
	*3	墙体转角和纵横交接													

	序号	项目		允许偏差/mm	实测偏差/mm										
					1	2	3	4	5	6	7	8	9	10	
主控项目	4	轴线位移		10											
	5	垂直度	每层	5											
			全高 ≤10m	10											
			全高 >10m	20											

	序号	项目		允许偏差/mm	实测偏差/mm										
一般项目	1	标高	基础顶	±15											
			楼面													
	2	表面平整度	清水墙柱	5											
			混水墙柱	8											
	3	门窗洞口	宽度	±5											
			高度													
	4	外墙窗口偏移		20											
	5	水平灰缝平直度	清水墙	7											
			混水墙	10											
	6	灰缝宜为10mm	水平灰缝厚	±2											
			竖向灰缝宽	±2											

施工单位检查评定结果	项目专业质量检查员： 　　　　　　　　　　　年　月　日
监理（建设）单位验收结论	监理工程师： （建设单位项目专业技术负责人） 　　　　　　　　　　　年　月　日

归档编号:C2-5-1-5

砌砖体隐蔽工程检查验收记录

工程名称:_____ 建设单位:_____ 图号:_____

隐蔽部位:_____ 施工单位:_____ 隐蔽日期:___年___月___日

隐蔽检查内容:

监理工程师验核意见:	试验单、合格证、其他证明文件等编号		
	名称或直径	出厂合格证编号	证明单编号
验核人:			
参加核查人员意见:			
核查人:			

单位工程技术负责人:_____ 质量检查员:_____ 填表人:_____

注:本表适用于混凝土、钢筋、埋地工程、砌体埋筋、屋面、回填土等工程隐蔽。

3.22 独立基础模板安装

独立基础模板安装实训项目任务指导书

所属专业：　　　　　　　指导教师：　　　　　　　编制序号：施工-模板-1

实训项目名称	独立基础模板安装	实训地点	实训厂房
		实训学时	2
适用专业	建设工程管理、建设工程监理、工程造价、建筑工程技术及其他相近专业		
实训目的	1.加深对独立基础模板工程施工工艺的理解和运用。 2.通过课程设计的实训训练，学生应能掌握独立基础模板工程的施工流程、施工操作要点、质量控制点的设置、质量验收程序、质量验收标准、质量验收方法等理论知识及实际操作，并能将理论知识运用到实际操作中		
实训任务及要求	实训任务： 1.完成独立基础(1500mm×1500mm)模板加工、安装、质量检验。 2.填写模板工程(安装)检验批质量验收记录。 实训要求： 1.模板下料计算应准确，下料单应认真填写；模板加工准确，符合下料单要求；模板安装符合验收规范要求，质量验收记录填写认真。 2.课程实训小组应独立完成，严禁抄袭，培养团队的合作精神及严谨的职业态度		
所需主要仪器设备	某工程独立基础图纸、圆盘锯、木模板、钢模板、木方、手锤、钉子、8#铁线、卷尺、石笔、手套等		
实训组织	学生分组，每组4~5人，教师讲解施工过程及操作要点并进行示范，学生自己动手操作，操作完成后相互点评，最后由教师进行总结		
实训步骤	模板下料： 1.熟悉图纸。 2.进行模板下料计算，并填写模板下料单。 3.模板下料加工(木模板加工、钢模板配板)，检查模板加工质量。 模板安装： 1.在垫层上弹出模板安装线。 2.按已弹出的安装线摆放模板并按照相关规范要求进行固定。 3.进行质量检验，并填写模板工程(安装)检验批质量验收记录		
实训预计成果(结论)	1.独立基础模板下料单。 2.搭设完成且质量合格的独立基础模板。 3.模板工程(安装)检验批质量验收记录		
考核标准	本实训成绩占期末总成绩一定比例，具体比例由任课教师根据授课情况确定。 1.考勤标准(20%)：能够按时出勤，不迟到、不早退，态度认真，遵守实训纪律。 2.成果标准(50%)：模板下料单填写准确，模板加工、搭设符合图纸及规范要求。 3.表格质量(30%)：按照质量验收规范要求填写，内容准确，字迹工整		

独立基础模板安装实训成果

所属班级：　　　　　　　　学生姓名：　　　　　　　　编制时间：

1. 独立基础模板下料单（表3-21）。

表3-21　　　　　　　　　　　　独立基础模板下料单

部位	构件名称	构件数量	模板编号	简图	下料尺寸	单个构件模板数量	合计数量	单个构件面积	总面积	备注

2. 安装完成且质量合格的独立基础模板（图3-21仅供参考）。

图3-21

3. 模板工程（安装）检验批质量验收记录

DB 21/1234—2003

模板工程(安装)检验批质量验收记录

工程名称			验收部位		
施工单位			项目经理		专业工长
分包单位			分包单位负责人		工序自检交接检
施工标准及编号					

		项目		施工单位检查评定记录	合格率/%	监理(建设)单位验收记录
主控项目	*1	必须有模板设计文件,模板及其支架具有足够的承载能力、刚度和稳定性				
	2	下层楼板应具有承受上层荷载的承载能力或设支架,上、下层立柱对准,并铺设垫板				
	3	隔离剂不得沾污钢筋或混凝土接茬处				
一般项目	1	模板接缝不漏浆,木模浇水湿润,表面干净并刷隔离剂,模内无杂物				
	2	清水混凝土或装饰混凝土的模板应能达到预期效果				
	3	用作模板的地坪、胎模应平整、光洁,不得产生影响构件质量的下沉、裂缝、起砂或起鼓				
	4	跨度不小于4mm的梁、板模板按设计或规范要求起拱				
	5	预留孔、预留洞不得遗漏,预埋件应安装牢固				

		项目	允许偏差/mm	实测偏差/mm											符合要求
				1	2	3	4	5	6	7	8	9	10		
一般项目	6	预埋钢板中心线位置	3												
	7	预埋管、预留孔中心线位置	3												
	8	抽筋 中心线位置	5												
	9	抽筋 外露长度	+10.0												
	10	预埋螺栓 中心线位置	2												
	11	预埋螺栓 外露长度	+10.0												
	12	预留洞 中心线位置	10												
	13	预留洞 尺寸	+10.0												
	14	轴线位置	5												
	15	底模上表面标高	±5												
	16	截面内部尺寸 基础	±10												
	17	截面内部尺寸 柱、梁、墙	+4,−5												
	18	层高垂直度 ≤5m	6												
	19	层高垂直度 >5m	8												
	20	相邻两板表面高低差	2												
	21	表面平整度	5												

施工单位检查评定结果	专业质量检查员: 年 月 日
监理(建设)单位验收结论	监理工程师: (建设单位项目专业技术负责人) 年 月 日

3.23 框架柱模板安装

框架柱模板安装实训项目任务指导书

所属专业：　　　　　指导教师：　　　　　编制序号:施工-模板-2

实训项目名称	框架柱模板安装	实训地点	实训厂房
		实训学时	2
适用专业	建设工程管理、建设工程监理、工程造价、建筑工程技术及其他相近专业		
实训目的	1.加深对框架柱模板工程施工工艺的理解和运用。 2.通过课程设计的实训训练，学生应能掌握框架柱模板工程的施工流程、施工操作要点、质量控制点的设置、质量验收程序、质量验收标准、质量验收方法等理论知识及实际操作，并能将理论知识运用到实际操作中		
实训任务及要求	实训任务： 1.完成框架柱(500mm×500mm×2000mm)模板加工、安装、质量检验。 2.填写模板工程(安装)检验批质量验收记录。 实训要求： 1.模板下料计算应准确，下料单填写认真；模板加工准确，符合下料单要求；模板安装符合验收规范要求，质量验收记录填写认真。 2.课程实训小组应独立完成实训任务，严禁抄袭，培养团队的合作精神及严谨的职业态度		
所需主要仪器设备	某工程框架柱图纸、圆盘锯、木模板、钢模板、木方、手锤、钉子、8#铁线、卷尺、石笔、手套等		
实训组织	学生分组，每组4～5人，教师讲解施工过程及操作要点并进行示范，学生自己动手操作，操作完成后相互点评，最后由教师进行总结		
实训步骤	模板下料： 1.熟悉图纸。 2.进行模板下料计算，并填写模板下料单。 3.模板下料加工(木模板加工、钢模板配板)，检查模板加工质量。 模板安装： 1.在垫层上弹出模板安装线。 2.按已弹出的安装线摆放模板并按照相关规范要求进行固定。 3.进行质量检验，并填写模板工程(安装)检验批质量验收记录		
实训预计成果（结论）	1.框架柱模板下料单。 2.搭设完成且质量合格的框架柱模板。 3.模板工程(安装)检验批质量验收记录		
考核标准	本实训成绩占期末总成绩一定比例，具体比例由任课教师根据授课情况确定。 　1.考勤标准(20%)：能够按时出勤，不迟到、不早退，态度认真，遵守实训纪律。 　2.成果标准(50%)：模板下料单填写准确，模板加工、搭设符合图纸及规范要求。 　3.质量表格(30%)：按照质量验收规范要求填写，内容准确，字迹工整		

框架柱模板安装实训成果

所属班级：　　　　　　　学生姓名：　　　　　　　编制时间：

1.框架柱模板下料单(表3-22)。

表3-22　　　　　　　　　　　　框架柱模板下料单

部位	构件名称	构件数量	模板编号	简图	下料尺寸	单个构件模板数量	合计数量	单个构件面积	总面积	备注

2.安装完成且质量合格的框架柱模板(图3-22仅供参考)。

图3-22

3.模板工程(安装)检验批质量验收记录

DB 21/1234—2003

模板工程(安装)检验批质量验收记录

工程名称				验收部位									
施工单位				项目经理						专业工长			
分包单位				分包单位负责人						工序自检交接检			
施工标准及编号													

		项目	施工单位检查评定记录	合格率/%	监理(建设)单位验收记录
主控项目	*1	必须有模板设计文件,模板及其支架具有足够的承载能力、刚度和稳定性			
	2	下层楼板应具有承受上层荷载的承载能力或设支架,上、下层立柱对准,并铺设垫板			
	3	隔离剂不得沾污钢筋或混凝土接茬处			
一般项目	1	模板接缝不漏浆,木模浇水湿润,表面干净并刷隔离剂,模内无杂物			
	2	清水混凝土或装饰混凝土的模板应能达到预期效果			
	3	用作模板的地坪、胎模应平整、光洁,不得产生影响构件质量的下沉、裂缝、起砂或起鼓			
	4	跨度不小于 4mm 的梁、板模板按设计或规范要求起拱			
	5	预留孔、预留洞不得遗漏,预埋件应安装牢固			

		项目	允许偏差/mm	实测偏差/mm											符合要求
				1	2	3	4	5	6	7	8	9	10	
	6	预埋钢板中心线位置	3												
	7	预埋管、预留孔中心线位置	3												
	8	抽筋	中心线位置	5											
	9		外露长度	+10.0											
	10	预埋螺栓	中心线位置	2											
	11		外露长度	+10.0											
	12	预留洞	中心线位置	10											
	13		尺寸	+10.0											
	14	轴线位置	5												
	15	底模上表面标高	±5												
	16	截面内部尺寸	基础	±10											
	17		柱、梁、墙	+4,-5											
	18	层高垂直度	≤5m	6											
	19		>5m	8											
	20	相邻两板表面高低差	2												
	21	表面平整度	5												

施工单位检查评定结果	专业质量检查员:	年 月 日
监理(建设)单位验收结论	监理工程师: (建设单位项目专业技术负责人)	年 月 日

3.24 框架梁模板安装

框架梁模板安装实训项目任务指导书

所属专业：　　　　　　指导教师：　　　　　　编制序号：施工-模板-3

实训项目名称	框架梁模板安装	实训地点	实训厂房
		实训学时	2
适用专业	建设工程管理、建设工程监理、工程造价、建筑工程技术及其他相近专业		
实训目的	1.加深对框架梁模板工程施工工艺的理解和运用。 2.通过课程设计的实训训练，学生应能掌握框架梁模板工程的施工流程、施工操作要点、质量控制点的设置、质量验收程序、质量验收标准、质量验收方法等理论知识及实际操作，并能将理论知识运用到实际操作中		
实训任务及要求	实训任务： 1.完成独立基础(300mm×500mm×2000mm)模板加工、安装、质量检验。 2.填写模板工程(安装)检验批质量验收记录。 实训要求： 1.模板下料计算应准确，下料单填写认真；模板加工准确，符合下料单要求；模板安装符合验收规范要求，质量验收记录填写认真。 2.课程实训小组应独立完成实训任务，严禁抄袭，培养团队的合作精神及严谨的职业态度		
所需主要仪器设备	某工程框架梁图纸、圆盘锯、木模板、钢模板、木方、手锤、钉子、8#铁线、卷尺、石笔、手套等		
实训组织	学生分组，每组4～5人，教师讲解施工过程及操作要点并进行示范，学生自己动手操作，操作完成后相互点评，最后由教师进行总结		
实训步骤	模板下料： 1.熟悉图纸。 2.进行模板下料计算，并填写模板下料单。 3.模板下料加工(木模板加工、钢模板配板)，检查模板加工质量。 模板安装： 1.搭设底模，并进行固定。 2.搭设梁侧面模板并按照相关规范要求进行固定。 3.进行质量检验，并填写模板工程(安装)检验批质量验收记录		
实训预计成果(结论)	1.框架梁模板下料单。 2.搭设完成且质量合格的框架梁模板。 3.模板工程(安装)检验批质量验收记录		
考核标准	本实训成绩占期末总成绩一定比例，具体比例由任课教师根据授课情况确定。 1.考勤标准(20%)：能够按时出勤，不迟到、不早退，态度认真，遵守实训纪律。 2.成果标准(50%)：模板下料单填写准确，模板加工、搭设符合图纸及规范要求。 3.表格质量(30%)：按照质量验收规范要求填写，内容准确，字迹工整		

框架梁模板安装实训成果

所属班级： 学生姓名： 编制时间：

1.框架梁模板下料单（表 3-23）。

表 3-23 框架梁模板下料单

部位	构件名称	构件数量	模板编号	简图	下料尺寸	单个构件模板数量	合计数量	单个构件面积	总面积	备注

2.搭设完成且质量合格的框架梁模板（图 3-23 仅供参考）。

图 3-23

3.模板工程（安装）检验批质量验收记录

DB 21/1234—2003

模板工程(安装)检验批质量验收记录

工程名称		验收部位			
施工单位		项目经理		专业工长	
分包单位		分包单位负责人		工序自检交接检	
施工标准及编号					

		项目		施工单位检查评定记录	合格率/%	监理(建设)单位验收记录
主控项目	*1	必须有模板设计文件,模板及其支架具有足够的承载能力、刚度和稳定性				
	2	下层楼板应具有承受上层荷载的承载能力或设支架,上、下层立柱对准,并铺设垫板				
	3	隔离剂不得沾污钢筋或混凝土接茬处				
一般项目	1	模板接缝不漏浆,木模浇水湿润,表面干净并刷隔离剂,模内无杂物				
	2	清水混凝土或装饰混凝土的模板应能达到预期效果				
	3	用作模板的地坪、胎模应平整、光洁,不得产生影响构件质量的下沉、裂缝、起砂或起鼓				
	4	跨度不小于4mm的梁、板模板按设计或规范要求起拱				
	5	预留孔、预留洞不得遗漏,预埋件应安装牢固				

		项目	允许偏差/mm	实测偏差/mm											符合要求
				1	2	3	4	5	6	7	8	9	10		
	6	预埋钢板中心线位置	3												
	7	预埋管、预留孔中心线位置	3												
	8	抽筋 中心线位置	5												
	9	抽筋 外露长度	+10.0												
	10	预埋螺栓 中心线位置	2												
	11	预埋螺栓 外露长度	+10.0												
	12	预留洞 中心线位置	10												
	13	预留洞 尺寸	+10.0												
	14	轴线位置	5												
	15	底模上表面标高	±5												
	16	截面内部尺寸 基础	±10												
	17	截面内部尺寸 柱、梁、墙	+4,−5												
	18	层高垂直度 ≤5m	6												
	19	层高垂直度 >5m	8												
	20	相邻两板表面高低差	2												
	21	表面平整度	5												

施工单位检查评定结果	专业质量检查员:				年　月　日

监理(建设)单位验收结论	监理工程师: (建设单位项目专业技术负责人)				年　月　日

3.25 楼板模板安装

楼板模板安装实训项目任务指导书

所属专业： 指导教师： 编制序号:施工-模板-4

实训项目名称	楼板模板安装	实训地点	实训厂房
		实训学时	2
适用专业	建设工程管理、建设工程监理、工程造价、建筑工程技术及其他相近专业		
实训目的	1.加深对楼板模板工程施工工艺的理解和运用。 2.通过课程设计的实训训练，学生应能掌握楼板模板工程的施工流程、施工操作要点、质量控制点的设置、质量验收程序、质量验收标准、质量验收方法等理论知识及实际操作，并能将理论知识运用到实际操作中		
实训任务及要求	实训任务： 1.完成独立基础(3000mm×3000mm)模板加工、安装、质量检验。 2.填写模板工程(安装)检验批质量验收记录。 实训要求： 1.模板下料计算应准确，下料单填写认真；模板加工准确，符合下料单要求；模板安装符合验收规范要求，质量验收记录填写认真。 2.课程实训小组应独立完成实训任务，严禁抄袭，培养团队的合作精神及严谨的职业态度		
所需主要仪器设备	某工程楼板图纸、圆盘锯、木模板、钢模板、木方、手锤、钉子、8#铁线、卷尺、石笔、手套等		
实训组织	学生分组，每组4～5人，教师讲解施工过程及操作要点并进行示范，学生自己动手操作，操作完成后相互点评，最后由教师进行总结		
实训步骤	模板下料： 1.熟悉图纸。 2.进行模板下料计算，并填写模板下料单。 3.模板下料加工(木模板加工、钢模板配板)，检查模板加工质量。 模板安装： 1.搭设底模及支架，并进行固定。 2.进行质量检验，并填写模板工程(安装)检验批质量验收记录		
实训预计成果（结论）	1.楼板模板下料单。 2.搭设完成且质量合格的楼板模板。 3.模板工程(安装)检验批质量验收记录		
考核标准	本实训成绩占期末总成绩一定比例，具体比例由任课教师根据授课情况确定。 　1.考勤标准(20%)：能够按时出勤，不迟到、不早退，态度认真，遵守实训纪律。 　2.成果标准(50%)：模板下料单填写准确，模板加工、搭设符合图纸及规范要求。 　3.表格质量(30%)：按照质量验收规范要求填写，内容准确，字迹工整		

楼板模板安装实训成果

所属班级：　　　　　　学生姓名：　　　　　　编制时间：

1. 楼板模板下料单（表 3-24）。

表 3-24 　　　　　　　　　楼板模板下料单

部位	构件名称	构件数量	模板编号	简图	下料尺寸	单个构件模板数量	合计数量	单个构件面积	总面积	备注

2. 搭设完成且质量合格的楼板模板（图 3-24 仅供参考）。

图 3-24

3. 模板工程（安装）检验批质量验收记录

DB 21/1234—2003

模板工程(安装)检验批质量验收记录

工程名称				验收部位									
施工单位				项目经理					专业工长				
分包单位				分包单位负责人					工序自检交接检				
施工标准及编号													

		项目	施工单位检查评定记录	合格率/%	监理(建设)单位验收记录
主控项目	*1	必须有模板设计文件,模板及其支架具有足够的承载能力、刚度和稳定性			
	2	下层楼板应具有承受上层荷载的承载能力或设支架,上、下层立柱对准,并铺设垫板			
	3	隔离剂不得沾污钢筋或混凝土接茬处			
一般项目	1	模板接缝不漏浆,木模浇水湿润,表面干净并刷隔离剂,模内无杂物			
	2	清水混凝土或装饰混凝土的模板应能达到预期效果			
	3	用作模板的地坪、胎模应平整、光洁,不得产生影响构件质量的下沉、裂缝、起砂或起鼓			
	4	跨度不小于 4mm 的梁、板模板按设计或规范要求起拱			
	5	预留孔、预留洞不得遗漏,预埋件应安装牢固			

		项目	允许偏差/mm	实测偏差/mm										符合要求
				1	2	3	4	5	6	7	8	9	10	
一般项目	6	预埋钢板中心线位置	3											
	7	预埋管、预留孔中心线位置	3											
	8	抽筋 中心线位置	5											
	9	外露长度	+10.0											
	10	预埋 中心线位置	2											
	11	螺栓 外露长度	+10.0											
	12	预留洞 中心线位置	10											
	13	尺寸	+10.0											
	14	轴线位置	5											
	15	底模上表面标高	±5											
	16	截面内 基础	±10											
	17	部尺寸 柱、梁、墙	+4,—5											
	18	层高垂 ≤5m	6											
	19	直度 >5m	8											
	20	相邻两板表面高低差	2											
	21	表面平整度	5											

施工单位检查评定结果	专业质量检查员:	年 月 日
监理(建设)单位验收结论	监理工程师: (建设单位项目专业技术负责人)	年 月 日

3.26　楼梯模板安装

楼梯模板安装实训项目任务指导书

所属专业：　　　　　　　指导教师：　　　　　　　编制序号：施工-模板-5

实训项目名称	楼梯模板安装	实训地点	实训厂房
		实训学时	2
适用专业	建设工程管理、建设工程监理、工程造价、建筑工程技术及其他相近专业		
实训目的	1.加深对楼梯模板工程施工工艺的理解和运用。 2.通过课程设计的实训训练，学生应能掌握楼板模板工程的施工流程、施工操作要点、质量控制点的设置、质量验收程序、质量验收标准、质量验收方法等理论知识及实际操作，并能将理论知识运用到实际操作中		
实训任务及要求	实训任务： 1.完成楼梯(双跑)模板加工、安装、质量检验。 2.填写模板工程(安装)检验批质量验收记录。 实训要求： 1.模板下料计算应准确，下料单填写认真；模板加工准确，符合下料单要求；模板安装符合验收规范要求，质量验收记录填写认真。 2.课程实训小组应独立完成实训任务，严禁抄袭，培养团队的合作精神及严谨的职业态度		
所需主要仪器设备	某工程楼梯图纸、圆盘锯、木模板、钢模板、木方、手锤、钉子、8#铁线、卷尺、石笔、手套等		
实训组织	学生分组，每组 4～5 人，教师讲解施工过程及操作要点并进行示范，学生自己动手操作，操作完成后相互点评，最后由教师进行总结		
实训步骤	模板下料： 1.熟悉图纸。 2.进行模板下料计算，并填写模板下料单。 3.模板下料加工(木模板加工、钢模板配板)，检查模板加工质量。 模板安装： 1.搭设楼梯梁，并进行固定。 2.搭设楼梯板模板并按照相关规范要求进行固定。 3.进行质量检验，并填写模板工程(安装)检验批质量验收记录		
实训预计成果(结论)	1.楼梯模板下料单。 2.搭设完成且质量合格的楼梯模板。 3.模板工程(安装)检验批质量验收记录		
考核标准	本实训成绩占期末总成绩一定比例，具体比例由任课教师根据授课情况确定。 　1.考勤标准(20%)：能够按时出勤，不迟到、不早退，态度认真，遵守实训纪律。 　2.成果标准(50%)：模板下料单填写准确，模板加工、搭设符合图纸及规范要求。 　3.表格质量(30%)：按照质量验收规范要求填写，内容准确，字迹工整		

楼梯模板安装实训成果

所属班级:　　　　　　　学生姓名:　　　　　　　编制时间:

1. 楼梯模板下料单(表3-25)。

表 3-25　　　　　　　　　　　　楼梯模板下料单

部位	构件名称	构件数量	模板编号	简图	下料尺寸	单个构件模板数量	合计数量	单个构件面积	总面积	备注

2. 搭设完成且质量合格的楼梯模板(图3-25 仅供参考)。

图 3-25

3. 模板工程(安装)检验批质量验收记录

DB 21/1234—2003

模板工程(安装)检验批质量验收记录

工程名称			验收部位			
施工单位			项目经理		专业工长	
分包单位			分包单位负责人		工序自检交接检	
施工标准及编号						

		项目		施工单位检查评定记录		合格率/%	监理(建设)单位验收记录
主控项目	*1	必须有模板设计文件,模板及其支架具有足够的承载能力、刚度和稳定性					
	2	下层楼板应具有承受上层荷载的承载能力或设支架,上、下层立柱对准,并铺设垫板					
	3	隔离剂不得沾污钢筋或混凝土接茬处					
一般项目	1	模板接缝不漏浆,木模浇水湿润,表面干净并刷隔离剂,模内无杂物					
	2	清水混凝土或装饰混凝土的模板应能达到预期效果					
	3	用作模板的地坪、胎模应平整、光洁,不得产生影响构件质量的下沉、裂缝、起砂或起鼓					
	4	跨度不小于4mm的梁、板模板按设计或规范要求起拱					
	5	预留孔、预留洞不得遗漏,预埋件应安装牢固					

		项目	允许偏差/mm	实测偏差/mm 1 2 3 4 5 6 7 8 9 10	符合要求
一般项目	6	预埋钢板中心线位置	3		
	7	预埋管、预留孔中心线位置	3		
	8	抽筋 中心线位置	5		
	9	抽筋 外露长度	+10.0		
	10	预埋螺栓 中心线位置	2		
	11	预埋螺栓 外露长度	+10.0		
	12	预留洞 中心线位置	10		
	13	预留洞 尺寸	+10.0		
	14	轴线位置	5		
	15	底模上表面标高	±5		
	16	截面内部尺寸 基础	±10		
	17	截面内部尺寸 柱、梁、墙	+4,−5		
	18	层高垂直度 ≤5m	6		
	19	层高垂直度 >5m	8		
	20	相邻两板表面高低差	2		
	21	表面平整度	5		

施工单位检查评定结果	专业质量检查员:	年 月 日
监理(建设)单位验收结论	监理工程师: (建设单位项目专业技术负责人)	年 月 日

3.27 剪力墙模板安装

剪力墙模板安装实训项目任务指导书

所属专业：　　　　　　指导教师：　　　　　　编制序号：施工-模板-6

实训项目名称	剪力墙模板安装	实训地点	实训厂房
		实训学时	2
适用专业	建设工程管理、建设工程监理、工程造价、建筑工程技术及其他相近专业		
实训目的	1.加深对剪力墙模板工程施工工艺的理解和运用。 2.通过课程设计的实训训练，学生应能掌握剪力墙模板工程的施工流程、施工操作要点、质量控制点的设置、质量验收程序、质量验收标准、质量验收方法等理论知识及实际操作，并能将理论知识运用到实际操作中		
实训任务及要求	实训任务： 1.完成独立基础（200mm×3000mm×2000mm）模板加工、安装、质量检验。 2.填写模板工程（安装）检验批质量验收记录。 实训要求： 1.模板下料计算应准确，下料单认真填写；模板加工准确，符合下料单要求；模板安装符合验收规范要求，质量验收记录填写认真。 2.课程实训小组应独立完成实训任务，严禁抄袭，以培养团队的合作精神及严谨的职业态度		
所需主要仪器设备	某工程剪力墙图纸、圆盘锯、木模板、钢模板、木方、手锤、钉子、8#铁线、卷尺、石笔、手套等		
实训组织	学生分组，每组4～5人，教师讲解施工过程及操作要点并进行示范，学生自己动手操作，操作完成后相互点评，最后由教师进行总结		
实训步骤	模板下料： 1.熟悉图纸。 2.进行模板下料计算，并填写模板下料单。 3.模板下料加工（木模板加工、钢模板配板），检查模板加工质量。 模板安装： 1.在垫层上弹出模板安装线。 2.按已弹出的安装线摆放模板并按照相关规范要求进行固定。 3.进行质量检验，并填写模板工程（安装）检验批质量验收记录		
实训预计成果（结论）	1.剪力墙模板下料单。 2.搭设完成且质量合格的剪力墙模板。 3.模板工程（安装）检验批质量验收记录		
考核标准	本实训成绩占期末总成绩一定比例，具体比例由任课教师根据授课情况确定。 1.考勤标准（20%）：能够按时出勤，不迟到、不早退，态度认真，遵守实训纪律。 2.成果标准（50%）：模板下料单填写准确，模板加工、搭设符合图纸及规范要求。 3.表格质量（30%）：按照质量验收规范要求填写，内容准确，字迹工整		

剪力墙模板安装实训成果

所属班级： 学生姓名： 编制时间：

1.剪力墙模板下料单（表 3-26）。

表 3-26　　　　　　　　　　剪力墙模板下料单

部位	构件名称	构件数量	模板编号	简图	下料尺寸	单个构件模板数量	合计数量	单个构件面积	总面积	备注

2.搭设完成且质量合格的剪力墙模板（图 3-26 仅供参考）。

图 3-26

3.模板工程（安装）检验批质量验收记录

模板工程(安装)检验批质量验收记录

工程名称				验收部位											
施工单位				项目经理						专业工长					
分包单位				分包单位负责人						工序自检交接检					
施工标准及编号															

		项目		施工单位检查评定记录									合格率/%		监理(建设)单位验收记录
主控项目	*1	必须有模板设计文件,模板及其支架具有足够的承载能力、刚度和稳定性													
	2	下层楼板应具有承受上层荷载的承载能力或设支架,上、下层立柱对准,并铺设垫板													
	3	隔离剂不得沾污钢筋或混凝土接茬处													
一般项目	1	模板接缝不漏浆,木模浇水湿润,表面干净并刷隔离剂,模内无杂物													
	2	清水混凝土或装饰混凝土的模板应能达到预期效果													
	3	用作模板的地坪、胎模应平整、光洁,不得产生影响构件质量的下沉、裂缝、起砂或起鼓													
	4	跨度不小于 4mm 的梁、板模板按设计或规范要求起拱													
	5	预留孔、预留洞不得遗漏,预埋件应安装牢固													

		项目		允许偏差/mm	实测偏差/mm										符合要求
					1	2	3	4	5	6	7	8	9	10	
一般项目	6	预埋钢板中心线位置		3											
	7	预埋管、预留孔中心线位置		3											
	8	抽筋	中心线位置	5											
	9		外露长度	+10.0											
	10	预埋螺栓	中心线位置	2											
	11		外露长度	+10.0											
	12	预留洞	中心线位置	10											
	13		尺寸	+10.0											
	14	轴线位置		5											
	15	底模上表面标高		±5											
	16	截面内部尺寸	基础	±10											
	17		柱、梁、墙	+4,−5											
	18	层高垂直度	≤5m	6											
	19		>5m	8											
	20	相邻两板表面高低差		2											
	21	表面平整度		5											

施工单位检查评定结果	专业质量检查员: 　　　　　　　　　　　　　　　年 月 日
监理(建设)单位验收结论	监理工程师: (建设单位项目专业技术负责人) 　　　　　　　年 月 日

3.28 剪力墙梁(洞口)模板搭设

剪力墙梁(洞口)模板搭设实训项目任务指导书

所属专业：　　　　　　　指导教师：　　　　　　编制序号：施工-模板-7

实训项目名称	剪力墙梁(洞口)模板搭设	实训地点	实训厂房
		实训学时	2
适用专业	建设工程管理、建设工程监理、工程造价、建筑工程技术及其他相近专业		
实训目的	1.加深对剪力墙梁(洞口)模板工程施工工艺的理解和运用。 2.通过课程设计的实训训练，学生应能掌握剪力墙梁(洞口)模板工程的施工流程、施工操作要点、质量控制点的设置、质量验收程序、质量验收标准、质量验收方法等理论知识及实际操作，并能将理论知识运用到实际操作中		
实训任务及要求	实训任务： 1.完成剪力墙洞口(JD500、YD500)模板加工、安装、质量检验。 2.填写模板工程(安装)检验批质量验收记录。 实训要求： 1.模板下料计算应准确，下料单填写认真；模板加工准确，符合下料单要求；模板安装符合验收规范要求，质量验收记录填写认真。 2.课程实训小组应独立完成实训任务，严禁抄袭，培养团队的合作精神及严谨的职业态度		
所需主要仪器设备	某工程剪力墙洞口图纸、圆盘锯、木模板、钢模板、木方、手锤、钉子、8#铁线、卷尺、石笔、手套等		
实训组织	学生分组，每组4～5人，教师讲解施工过程及操作要点并进行示范，学生自己动手操作，操作完成后相互点评，最后由教师进行总结		
实训步骤	模板下料： 1.熟悉图纸。 2.进行模板下料计算，并填写模板下料单。 3.模板下料加工(木模板加工、钢模板配板)，检查模板加工质量。 模板安装： 1.搭设洞口底模、侧模，并进行固定。 2.进行质量检验，并填写模板工程(安装)检验批质量验收记录		
实训预计成果(结论)	1.剪力墙梁(洞口)模板下料单。 2.搭设完成且质量合格的剪力墙梁(洞口)模板。 3.模板工程(安装)检验批质量验收记录		
考核标准	本实训成绩占期末总成绩一定比例，具体比例由任课教师根据授课情况确定。 1.考勤标准(20%)：能够按时出勤，不迟到、不早退，态度认真，遵守实训纪律。 2.成果标准(50%)：模板下料单填写准确，模板加工、搭设符合图纸及规范要求。 3.表格质量(30%)：按照质量验收规范要求填写，内容准确，字迹工整		

剪力墙梁(洞口)模板搭设实训成果

所属班级：　　　　　　　学生姓名：　　　　　　　编制时间：

1. 剪力墙梁(洞口)模板下料单(表 3-27)。

表 3-27　　　　　　　　　　剪力墙梁(洞口)模板下料单

部位	构件名称	构件数量	模板编号	简图	下料尺寸	单个构件模板数量	合计数量	单个构件面积	总面积	备注

2. 搭设完成且质量合格的剪力墙梁(洞口)模板(图 3-27 仅供参考)。

图 3-27

3. 模板工程(安装)检验批质量验收记录

DB 21/1234—2003

模板工程(安装)检验批质量验收记录

工程名称			验收部位		
施工单位			项目经理		专业工长
分包单位			分包单位负责人		工序自检交接检
施工标准及编号					

		项目	施工单位检查评定记录	合格率/%	监理(建设)单位验收记录
主控项目	*1	必须有模板设计文件,模板及其支架具有足够的承载能力、刚度和稳定性			
	2	下层楼板应具有承受上层荷载的承载能力或设支架,上、下层立柱对准,并铺设垫板			
	3	隔离剂不得沾污钢筋或混凝土接茬处			
一般项目	1	模板接缝不漏浆,木模浇水湿润,表面干净并刷隔离剂,模内无杂物			
	2	清水混凝土或装饰混凝土的模板应能达到预期效果			
	3	用作模板的地坪、胎模应平整、光洁,不得产生影响构件质量的下沉、裂缝、起砂或起鼓			
	4	跨度不小于4mm的梁、板模板按设计或规范要求起拱			
	5	预留孔、预留洞不得遗漏,预埋件应安装牢固			

		项目	允许偏差/mm	实测偏差/mm											符合要求
				1	2	3	4	5	6	7	8	9	10		
一般项目	6	预埋钢板中心线位置	3												符合要求
	7	预埋管、预留孔中心线位置	3												
	8	抽筋 中心线位置	5												
	9	抽筋 外露长度	+10.0												
	10	预埋螺栓 中心线位置	2												
	11	预埋螺栓 外露长度	+10.0												
	12	预留洞 中心线位置	10												
	13	预留洞 尺寸	+10.0												
	14	轴线位置	5												
	15	底模上表面标高	±5												
	16	截面内部尺寸 基础	±10												
	17	截面内部尺寸 柱、梁、墙	+4,−5												
	18	层高垂直度 ≤5m	6												
	19	层高垂直度 >5m	8												
	20	相邻两板表面高低差	2												
	21	表面平整度	5												

施工单位检查评定结果	专业质量检查员:	年 月 日
监理(建设)单位验收结论	监理工程师: (建设单位项目专业技术负责人)	年 月 日

3.29 构造柱模板安装

构造柱模板安装实训项目任务指导书

所属专业： 指导教师： 编制序号：施工-模板-8

实训项目名称	构造柱模板安装	实训地点	实训厂房
		实训学时	2
适用专业	建设工程管理、建设工程监理、工程造价、建筑工程技术及其他相近专业		
实训目的	1.加深对构造柱模板工程施工工艺的理解和运用。 2.通过课程设计的实训训练，学生应能掌握构造柱模板工程的施工流程、施工操作要点、质量控制点的设置、质量验收程序、质量验收标准、质量验收方法等理论知识及实际操作，并能将理论知识运用到实际操作中		
实训任务及要求	实训任务： 1.完成构造柱(240mm×240mm×2000mm)模板加工、安装、质量检验。 2.填写模板工程(安装)检验批质量验收记录。 实训要求： 1.模板下料计算应准确，下料单填写认真；模板加工准确，符合下料单要求；模板安装符合验收规范要求，质量验收记录填写认真。 2.课程实训小组应独立完成实训任务，严禁抄袭，培养团队的合作精神及严谨的职业态度		
所需主要仪器设备	某工程构造柱图纸、圆盘锯、木模板、钢模板、木方、手锤、钉子、8#铁线、卷尺、石笔、手套等		
实训组织	学生分组，每组4～5人，教师讲解施工过程及操作要点并进行示范，学生自己动手操作，操作完成后相互点评，最后由教师进行总结		
实训步骤	模板下料： 1.熟悉图纸。 2.进行模板下料计算，并填写模板下料单。 3.模板下料加工(木模板加工、钢模板配板)，检查模板加工质量。 模板安装： 1.在垫层上弹出模板安装线。 2.按已弹出的安装线摆放模板并按照相关规范要求进行固定。 3.进行质量检验，并填写模板工程(安装)检验批质量验收记录		
实训预计成果(结论)	1.构造柱模板下料单。 2.搭设完成且质量合格的构造柱模板。 3.模板工程(安装)检验批质量验收记录		
考核标准	本实训成绩占期末总成绩一定比例，具体比例由任课教师根据授课情况确定。 1.考勤标准(20%)：能够按时出勤，不迟到、不早退，态度认真，遵守实训纪律。 2.成果标准(50%)：模板下料单填写准确，模板加工、搭设符合图纸及规范要求。 3.表格质量(30%)：按照质量验收规范要求填写，内容准确，字迹工整		

构造柱模板安装实训成果

所属班级：　　　　　　学生姓名：　　　　　　编制时间：

1.构造柱模板下料单（表3-28）。

表 3-28　　　　　　　　　　　构造柱模板下料单

部位	构件名称	构件数量	模板编号	简图	下料尺寸	单个构件模板数量	合计数量	单个构件面积	总面积	备注

2.搭设完成且质量合格的构造柱模板（图 3-28 仅供参考）。

图 3-28

3.模板工程（安装）检验批质量验收记录

模板工程(安装)检验批质量验收记录

工程名称				验收部位			
施工单位				项目经理		专业工长	
分包单位				分包单位负责人		工序自检交接检	
施工标准及编号							

		项目		施工单位检查评定记录		合格率/%	监理(建设)单位验收记录
主控项目	*1	必须有模板设计文件,模板及其支架具有足够的承载能力、刚度和稳定性					
	2	下层楼板应具有承受上层荷载的承载能力或设支架,上、下层立柱对准,并铺设垫板					
	3	隔离剂不得沾污钢筋或混凝土接茬处					
一般项目	1	模板接缝不漏浆,木模浇水湿润,表面干净并刷隔离剂,模内无杂物					
	2	清水混凝土或装饰混凝土的模板应能达到预期效果					
	3	用作模板的地坪、胎模应平整、光洁,不得产生影响构件质量的下沉、裂缝、起砂或起鼓					
	4	跨度不小于 4mm 的梁、板模板按设计或规范要求起拱					
	5	预留孔、预留洞不得遗漏,预埋件应安装牢固					

		项目		允许偏差/mm	实测偏差/mm											符合要求
					1	2	3	4	5	6	7	8	9	10		
一般项目	6	预埋钢板中心线位置		3												符合要求
	7	预埋管、预留孔中心线位置		3												
	8	抽筋	中心线位置	5												
	9		外露长度	+10.0												
	10	预埋螺栓	中心线位置	2												
	11		外露长度	+10.0												
	12	预留洞	中心线位置	10												
	13		尺寸	+10.0												
	14	轴线位置		5												
	15	底模上表面标高		±5												
	16	截面内部尺寸	基础	±10												
	17		柱、梁、墙	+4,−5												
	18	层高垂直度	≤5m	6												
	19		>5m	8												
	20	相邻两板表面高低差		2												
	21	表面平整度		5												

施工单位检查评定结果	专业质量检查员:	年 月 日
监理(建设)单位验收结论	监理工程师: (建设单位项目专业技术负责人)	年 月 日

3.30 圈梁模板安装

圈梁模板安装实训项目任务指导书

所属专业：　　　　　　　　指导教师：　　　　　　　编制序号：施工-模板-9

实训项目名称	圈梁模板安装	实训地点	实训厂房
		实训学时	2
适用专业	建筑工程管理、工程监理、工程造价、建筑工程技术及其他相近专业		
实训目的	1.加深对圈梁模板工程施工工艺的理解和运用。 2.通过课程设计的实训训练，学生应能掌握圈梁模板工程的施工流程、施工操作要点、质量控制点的设置、质量验收程序、质量验收标准、质量验收方法等理论知识及实际操作，并能将理论知识运用到实际操作中		
实训任务及要求	实训任务： 1.完成圈梁（240mm×240mm×2000mm）模板加工、安装、质量检验。 2.填写模板工程（安装）检验批质量验收记录。 实训要求： 1.模板下料计算应准确，下料单填写认真；模板加工准确，符合下料单要求；模板安装符合验收规范要求，质量验收记录填写认真。 2.课程实训小组应独立完成，严禁抄袭，培养团队的合作精神及严谨的职业态度		
所需主要仪器设备	某工程圈梁图纸、圆盘锯、木模板、钢模板、木方、手锤、钉子、8#铁线、卷尺、石笔、手套等		
实训组织	学生分组，每组4～5人，教师讲解施工过程及操作要点并进行示范，学生自己动手操作，操作完成后相互点评，最后由教师进行总结		
实训步骤	模板下料： 1.熟悉图纸。 2.进行模板下料计算，并填写模板下料单。 3.模板下料加工（木模板加工、钢模板配板），检查模板加工质量。 模板搭设： 1.搭设圈梁侧面模板并按照规范要求进行固定。 2.进行质量检验，并填写模板工程（安装）检验批质量验收记录		
实训预计成果（结论）	1.圈梁模板下料单。 2.搭设完成且质量合格的梁模板。 3.模板工程（安装）检验批质量验收记录		
考核标准	本实训成绩占期末总成绩一定比例，具体比例由任课教师根据授课情况确定。 　1.考勤标准（20%）：能够按时出勤，不迟到、不早退，态度认真，遵守实训纪律。 　2.成果标准（50%）：模板下料单填写准确，模板加工、搭设符合图纸及规范要求。 　3.表格质量（30%）：按照质量验收规范要求填写，内容准确，字迹工整		

圈梁模板安装实训成果

所属班级：　　　　　　　学生姓名：　　　　　　　　编制时间：

1. 圈梁模板下料单（表 3-29）。

表 3-29　　　　　　　　　　　　圈梁模板下料单

部位	构件名称	构件数量	模板编号	简图	下料尺寸	单个构件模板数量	合计数量	单个构件面积	总面积	备注

2. 搭设完成且质量合格的圈梁模板（图 3-29 仅供参考）。

图 3-29

3. 模板工程（安装）检验批质量验收记录

模板工程(安装)检验批质量验收记录

工程名称			验收部位		
施工单位			项目经理		专业工长
分包单位			分包单位负责人		工序自检交接检
施工标准及编号					

		项目	施工单位检查评定记录	合格率/%	监理(建设)单位验收记录
主控项目	*1	必须有模板设计文件,模板及其支架具有足够的承载能力、刚度和稳定性			
	2	下层楼板应具有承受上层荷载的承载能力或设支架,上、下层立柱对准,并铺设垫板			
	3	隔离剂不得沾污钢筋或混凝土接茬处			
一般项目	1	模板接缝不漏浆,木模浇水湿润,表面干净并刷隔离剂,模内无杂物			
	2	清水混凝土或装饰混凝土的模板应能达到预期效果			
	3	用作模板的地坪、胎模应平整、光洁,不得产生影响构件质量的下沉、裂缝、起砂或起鼓			
	4	跨度不小于 4mm 的梁、板模板按设计或规范要求起拱			
	5	预留孔、预留洞不得遗漏,预埋件应安装牢固			

		项目	允许偏差/mm	实测偏差/mm											符合要求
				1	2	3	4	5	6	7	8	9	10		
一般项目	6	预埋钢板中心线位置	3												
	7	预埋管、预留孔中心线位置	3												
	8	抽筋 中心线位置	5												
	9	抽筋 外露长度	+10.0												
	10	预埋 中心线位置	2												
	11	螺栓 外露长度	+10.0												
	12	预留洞 中心线位置	10												
	13	预留洞 尺寸	+10.0												
	14	轴线位置	5												
	15	底模上表面标高	±5												
	16	截面内 基础	±10												
	17	部尺寸 柱、梁、墙	+4,−5												
	18	层高垂 ≤5m	6												
	19	直度 >5m	8												
	20	相邻两板表面高低差	2												
	21	表面平整度	5												

施工单位检查评定结果	专业质量检查员:	年 月 日
监理(建设)单位验收结论	监理工程师: (建设单位项目专业技术负责人)	年 月 日

3.31　满堂红承重综合脚手架搭设

满堂红承重综合脚手架搭设实训项目任务指导书

所属专业：　　　　　　指导教师：　　　　　　编制序号:施工-脚手架-1

实训项目名称	满堂红承重综合脚手架搭设	实训地点	实训厂房
		实训学时	2
适用专业	建设工程管理、建设工程监理、工程造价、建筑工程技术及其他相近专业		
实训目的	1.加深对脚手架工程施工工艺的理解和运用。 2.通过课程设计的实训训练，学生应能掌握脚手架工程的施工流程、施工操作要点、质量控制点的设置、质量验收程序、质量验收标准、质量验收方法等理论知识及实际操作，并能将理论知识运用到实际操作中		
实训任务及要求	实训任务： 1.完成满堂红承重综合脚手架搭设。 2.填写脚手架验收(检查)记录表。 实训要求： 1.脚手架搭设符合验收规范要求，质量验收记录填写认真。 2.课程实训小组应独立完成实训任务，严禁抄袭，培养团队的合作精神及严谨的职业态度		
所需主要仪器设备	脚手架搭设方案、钢管、扣件、木方、扳子、安全带、卷尺、手套等		
实训组织	学生分组，每组4～5人，教师讲解施工过程及操作要点并进行示范，学生自己动手操作，操作完成后相互点评，最后由教师进行总结		
实训步骤	1.熟悉图纸； 2.按照相关规范搭设立杆、大横杆、小横杆、剪刀撑等； 3.铺设脚手板、挂密目式安全网等		
实训预计成果(结论)	1.搭设完成且质量合格的满堂红承重综合脚手架； 2.脚手架验收(检查)记录表		
考核标准	本实训成绩占期末总成绩一定比例，具体比例由任课教师根据授课情况确定。 　1.考勤标准(20%)：能够按时出勤，不迟到、不早退，态度认真，遵守实训纪律。 　2.成果标准(50%)：满堂红承重综合脚手架搭设及验收(检查)记录表符合图纸及规范要求。 　3.表格质量(30%)：按照质量验收规范要求填写，内容准确，字迹工整		

满堂红承重综合脚手架搭设实训成果

所属班级：　　　　　　学生姓名：　　　　　　编制时间：

1. 搭设完成且质量合格的满堂红承重综合脚手架（图 3-30 仅供参考）。

图 3-30

2. 脚手架验收（检查）记录表

脚手架验收(检查)记录表

工程名称：

施工单位：   监理单位：

脚手架类型：   搭设部位：

年　　月　　日

序号	检查验收内容	检查(实测)情况	验收结果
1	专项技术方案是否经施工单位技术负责人、总监理工程师审批(超高、超重脚手架方案是否经专家审查、论证)		
2	材料选用是否符合专项施工方案设计的要求		
3	脚手架前是否进行技术交底		
4	脚手架立杆基础、底部垫板等是否符合专项施工方案的要求		
5	立杆纵、横向间距是否符合专项施工方案设计的要求		
6	立杆垂直度是否大于1/200		
7	纵、横向扫地杆设置是否齐全		
8	大、小横杆步距是否符合专项施工方案设计的要求		
9	剪刀撑设置是否符合专项施工方案设计的要求		
10	连墙杆件设置是否符合专项施工方案设计的要求,且不大于3步3跨		
11	架身整体稳固,有无摇晃		
12	脚手板是否满铺并固定,有无探头板		
13	护身栏杆搭设是否符合专项施工方案设计的要求		
14	安全网是否符合专项施工方案设计的要求且挂设完好		
15	作业层楼层邻边与外架之间是否设置安全防护		

验收(检查)意见：

项目经理：　　　(章)　　　项目技术负责人：　　　　　施工员：

安全员：　　　　　　　监理工程师：　　　　　　使用责任人：

3.32　双排外脚手架搭设

双排外脚手架搭设实训项目任务指导书

所属专业：　　　　　　指导教师：　　　　　　编制序号：施工-脚手架-2

实训项目名称	双排外脚手架搭设	实训地点	实训厂房
		实训学时	2
适用专业	建设工程管理、建设工程监理、工程造价、建筑工程技术及其他相近专业		
实训目的	1.加深对脚手架工程施工工艺的理解和运用。 2.通过课程设计的实训训练，学生应能掌握脚手架工程的施工流程、施工操作要点、质量控制点的设置、质量验收程序、质量验收标准、质量验收方法等理论知识及实际操作，并能将理论知识运用到实际操作中		
实训任务及要求	实训任务： 1.完成双排外脚手架搭设； 2.填写脚手架验收（检查）记录表。 实训要求： 1.脚手架搭设符合验收规范要求，认真填写质量验收记录； 2.课程实训小组应独立完成实训任务，严禁抄袭，培养团队的合作精神及严谨的职业态度		
所需主要仪器设备	脚手架搭设方案、钢管、扣件、木方、扳子、安全带、卷尺、手套等		
实训组织	学生分组，每组4~5人，教师讲解施工过程及操作要点并进行示范，学生自己动手操作，操作完成后相互点评，最后由教师进行总结		
实训步骤	1.熟悉图纸； 2.按照相关规范搭设立杆、大横杆、小横杆、剪刀撑等； 3.铺设脚手板、挂密目式安全网等		
实训预计成果（结论）	1.搭设完成且质量合格的双排外脚手架； 2.脚手架验收（检查）记录表		
考核标准	本实训成绩占期末总成绩一定比例，具体比例由任课教师根据授课情况确定。 1.考勤标准（20%）：能够按时出勤，不迟到、不早退，态度认真，遵守实训纪律。 2.成果标准（50%）：双排外脚手架搭设及验收（检查）记录表符合图纸及规范要求。 3.表格质量（30%）：按照质量验收规范要求填写，内容准确，字迹工整		

双排外脚手架搭设实训成果

所属班级：　　　　　　　　学生姓名：　　　　　　　　编制时间：

1. 搭设完成且质量合格的双排外脚手架（图3-31仅供参考）。

图3-31

2. 脚手架验收（检查）记录表

脚手架验收(检查)记录表

工程名称：

施工单位：　　　　　　　　　　　　监理单位：

脚手架类型：　　　　　　　　　　　搭设部位：

年　月　日

序号	检查验收内容	检查(实测)情况	验收结果
1	专项技术方案是否经施工单位技术负责人、总监理工程师审批(超高、超重脚手架方案是否经专家审查、论证)		
2	材料选用是否符合专项施工方案设计的要求		
3	脚手架前是否进行技术交底		
4	脚手架立杆基础、底部垫板等是否符合专项施工方案的要求		
5	立杆纵、横向间距是否符合专项施工方案设计的要求		
6	立杆垂直度是否大于 1/200		
7	纵、横向扫地杆设置是否齐全		
8	大、小横杆步距是否符合专项施工方案设计的要求		
9	剪刀撑设置是否符合专项施工方案设计的要求		
10	连墙杆件设置是否符合专项施工方案设计的要求,且不大于 3 步 3 跨		
11	架身整体稳固,有无摇晃		
12	脚手板是否满铺并固定,有无探头板		
13	护身栏杆搭设是否符合专项施工方案设计的要求		
14	安全网是否符合专项施工方案设计的要求且挂设完好		
15	作业层楼层邻边与外架之间是否设置安全防护		

验收(检查)意见：

项目经理：　　　　(章)　　　项目技术负责人：　　　　　　施工员：

安全员：　　　　　　　　　　监理工程师：　　　　　　　　使用责任人：

3.33　抱柱脚手架搭设

抱柱脚手架搭设实训项目任务指导书

所属专业：　　　　　　指导教师：　　　　　　编制序号：施工-脚手架-3

实训项目名称	抱柱脚手架搭设	实训地点	实训厂房
		实训学时	2
适用专业	建设工程管理、建设工程监理、工程造价、建筑工程技术及其他相近专业		
实训目的	1.加深对脚手架工程施工工艺的理解和运用。 2.通过课程设计的实训训练，学生应能掌握脚手架工程的施工流程、施工操作要点、质量控制点的设置、质量验收程序、质量验收标准、质量验收方法等理论知识及实际操作，并能将理论知识运用到实际操作中		
实训任务及要求	实训任务： 1.完成抱柱脚手架搭设； 2.填写脚手架验收(检查)记录表。 实训要求： 1.脚手架搭设符合验收规范要求，质量验收记录应认真填写； 2.课程实训小组应独立完成实训任务，严禁抄袭，培养团队的合作精神及严谨的职业态度		
所需主要仪器设备	脚手架搭设方案、钢管、扣件、木方、扳子、安全带、卷尺、手套等		
实训组织	学生分组，每组4～5人，教师讲解施工过程及操作要点并进行示范，学生自己动手操作，操作完成后相互点评，最后由教师进行总结		
实训步骤	1.熟悉图纸； 2.按照相关规范搭设立杆、大横杆、小横杆、剪刀撑等； 3.铺设脚手板、挂密目式安全网等		
实训预计成果(结论)	1.搭设完成且质量合格的满堂红承重综合脚手架； 2.脚手架验收(检查)记录表		
考核标准	本实训成绩占期末总成绩一定比例，具体比例由任课教师根据授课情况确定。 　1.考勤标准(20%)：能够按时出勤，不迟到、不早退，态度认真，遵守实训纪律。 　2.成果标准(50%)：满堂红承重综合脚手架搭设及验收(检查)记录表符合图纸及规范要求。 　3.表格质量(30%)：按照质量验收规范要求填写，内容准确，字迹工整		

抱柱脚手架搭设实训成果

所属班级：　　　　　　学生姓名：　　　　　　编制时间：

1.搭设完成且质量合格的抱柱脚手架(图 3-32 仅供参考)。

图 3-32

2.脚手架验收(检查)记录表

脚手架验收(检查)记录表

工程名称:

施工单位: 监理单位:

脚手架类型: 搭设部位:

年 月 日

序号	检查验收内容	检查(实测)情况	验收结果
1	专项技术方案是否经施工单位技术负责人、总监理工程师审批(超高、超重脚手架方案是否经专家审查、论证)		
2	材料选用是否符合专项施工方案设计的要求		
3	脚手架前是否进行技术交底		
4	脚手架立杆基础、底部垫板等是否符合专项施工方案的要求		
5	立杆纵、横向间距是否符合专项施工方案设计的要求		
6	立杆垂直度是否大于1/200		
7	纵、横向扫地杆设置是否齐全		
8	大、小横杆步距是否符合专项施工方案设计的要求		
9	剪刀撑设置是否符合专项施工方案设计的要求		
10	连墙杆件设置是否符合专项施工方案设计的要求,且不大于3步3跨		
11	架身整体稳固,有无摇晃		
12	脚手板是否满铺并固定,有无探头板		
13	护身栏杆搭设是否符合专项施工方案设计的要求		
14	安全网是否符合专项施工方案设计的要求且挂设完好		
15	作业层楼层邻边与外架之间是否设置安全防护		

验收(检查)意见:

项目经理: (章) 项目技术负责人: 施工员:

安全员: 监理工程师: 使用责任人:

3.34 承重梁脚手架搭设

承重梁脚手架搭设实训项目任务指导书

所属专业：　　　　　　　指导教师：　　　　　　　编制序号:施工-脚手架-4

实训项目名称	承重梁脚手架搭设	实训地点	实训厂房
		实训学时	2
适用专业	建设工程管理、建设工程监理、工程造价、建筑工程技术及其他相近专业		
实训目的	1.加深对脚手架工程施工工艺的理解和运用。 2.通过课程设计的实训训练,学生应能掌握脚手架工程的施工流程、施工操作要点、质量控制点的设置、质量验收程序、质量验收标准、质量验收方法等理论知识及实际操作,并能将理论知识运用到实际操作中		
实训任务及要求	实训任务: 1.完成承重梁脚手架搭设; 2.填写脚手架验收(检查)记录表。 实训要求: 1.脚手架搭设符合验收规范要求,质量验收记录应认真填写; 2.课程实训小组应独立完成实训任务,严禁抄袭,培养团队的合作精神及严谨的职业态度		
所需主要仪器设备	脚手架搭设方案、钢管、扣件、木方、扳子、安全带、卷尺、手套等		
实训组织	学生分组,每组4~5人,教师讲解施工过程及操作要点并进行示范,学生自己动手操作,操作完成后相互点评,最后由教师进行总结		
实训步骤	1.熟悉图纸; 2.按照相关规范搭设立杆、大横杆、小横杆、剪刀撑等; 3.铺设脚手板、挂密目式安全网等		
实训预计成果(结论)	1.搭设完成且质量合格的满堂红承重综合脚手架; 2.脚手架验收(检查)记录表		
考核标准	本实训成绩占期末总成绩一定比例,具体比例由任课教师根据授课情况确定。 　1.考勤标准(20%):能够按时出勤,不迟到、不早退,态度认真,遵守实训纪律。 　2.成果标准(50%):满堂红承重综合脚手架搭设及验收(检查)记录表符合图纸及规范要求。 　3.表格质量(30%):按照质量验收规范要求填写,内容准确,字迹工整		

承重梁脚手架搭设实训成果

所属班级：　　　　　　学生姓名：　　　　　　编制时间：

1.搭设完成且质量合格的承重梁脚手架(图 3-33 仅供参考)。

图 3-33

2.脚手架验收(检查)记录表

脚手架验收(检查)记录表

工程名称：

施工单位：　　　　　　　　　　　　监理单位：

脚手架类型：　　　　　　　　　　　搭设部位：

年　　月　　日

序号	检查验收内容	检查(实测)情况	验收结果
1	专项技术方案是否经施工单位技术负责人、总监理工程师审批(超高、超重脚手架方案是否经专家审查、论证)		
2	材料选用是否符合专项施工方案设计的要求		
3	脚手架前是否进行技术交底		
4	脚手架立杆基础、底部垫板等是否符合专项施工方案的要求		
5	立杆纵、横向间距是否符合专项施工方案设计的要求		
6	立杆垂直度是否大于 1/200		
7	纵、横向扫地杆设置是否齐全		
8	大、小横杆步距是否符合专项施工方案设计的要求		
9	剪刀撑设置是否符合专项施工方案设计的要求		
10	连墙杆件设置是否符合专项施工方案设计的要求,且不大于 3 步 3 跨		
11	架身整体稳固,有无摇晃		
12	脚手板是否满铺并固定,有无探头板		
13	护身栏杆搭设是否符合专项施工方案设计的要求		
14	安全网是否符合专项施工方案设计的要求且挂设完好		
15	作业层楼层邻边与外架之间是否设置安全防护		
验收(检查)意见：			

项目经理：　　　(章)　　　项目技术负责人：　　　　施工员：

安全员：　　　　　　　　　监理工程师：　　　　　　使用责任人：

3.35 水泥混合砂浆墙面一般抹灰

水泥混合砂浆墙面一般抹灰实训项目任务指导书

所属专业：   指导教师：   编制序号:施工-装饰-1

实训项目 名称	水泥混合砂浆墙面一般抹灰	实训地点	实训厂房
		实训学时	2
适用 专业	建设工程管理、建设工程监理、工程造价、建筑工程技术及其他相近专业		
实训 目的	1.加深对水泥混合砂浆抹灰工程施工工艺的理解和运用。 2.通过课程设计的实训训练,学生应能掌握水泥混合砂浆抹灰工程的施工流程、施工操作要点、质量控制点的设置、质量验收程序、质量验收标准、质量验收方法等理论知识及实际操作,并能将理论知识运用到实际操作中		
实训任务 及要求	实训任务: 1.完成水泥混合砂浆墙面(1000mm×1000mm)抹灰的砂浆搅拌、抹灰、质量检验。 2.填写抹灰工程检验批质量验收记录、抹灰隐蔽工程检查验收记录。 实训要求: 1.材料计量准确;墙面抹灰符合验收规范要求,质量验收记录应认真填写; 2.课程实训小组应独立完成实训任务,严禁抄袭,培养团队的合作精神及严谨的职业态度		
所需主要 仪器设备	某工程装饰工程图纸、《质量验收规范》、手推车、卸料铁板、灰槽、锹、托板、抹灰抹子、卷尺、石笔、手套等		
实训 组织	学生分组,每组4~5人,教师讲解施工过程及操作要点并进行示范,学生自己动手操作,操作完成后相互点评,最后由教师进行总结		
实训 步骤	1.按材料用量比例拌制水泥混合砂浆; 2.墙面弹线做灰饼、冲筋; 3.抹底层灰、面层灰; 4.进行质量检验,并填写抹灰工程质量验收记录、抹灰隐蔽工程检查验收记录		
实训 预计成果 (结论)	1.墙面灰饼、冲筋; 2.抹灰完成墙面; 3.抹灰工程检验批质量验收记录; 4.抹灰隐蔽工程检查验收记录		
考核 标准	本实训成绩占期末总成绩一定比例,具体比例由任课教师根据授课情况确定。 1.考勤标准(20%):能够按时出勤,不迟到、不早退,态度认真,遵守实训纪律。 2.成果标准(50%):严格按水泥混合砂浆配比单拌制砂浆,抹灰质量符合图纸及规范要求。 3.表格质量(30%):按照质量验收规范要求填写,内容准确,字迹工整		

水泥混合砂浆一般抹灰实训成果

所属班级：　　　　　　学生姓名：　　　　　　　编制时间：

1.墙面灰饼(图 3-34)。

图 3-34

2.抹灰完成(图 3-35)。

图 3-35

3.抹灰工程检验批质量验收记录。

4.抹灰隐蔽工程检查验收记录

一般抹灰(级)工程检验批质量验收记录

工程名称		分项工程名称		验收部位	
施工单位		专业工长		项目经理	
施工执行标准名称及编号					
分包单位		分包项目经理		施工班组长	

<table>
<tr><td rowspan="4">主控项目</td><td>序号</td><td colspan="2">项目</td><td colspan="14">施工单位检查记录</td><td>合格率/%</td><td>监理(建设)单位验收记录</td></tr>
<tr><td>1</td><td colspan="2">抹灰前基层</td><td colspan="14"></td><td></td><td rowspan="18"></td></tr>
<tr><td>2</td><td colspan="2">所用材料</td><td colspan="14"></td><td></td></tr>
<tr><td>3</td><td colspan="2">分层进行</td><td colspan="14"></td><td></td></tr>
<tr><td rowspan="14">一般项目</td><td>4</td><td colspan="2">抹灰层与基层</td><td colspan="14"></td><td></td></tr>
<tr><td>1</td><td colspan="2">表面质量</td><td></td><td></td><td></td><td></td><td></td><td></td><td></td><td></td><td></td><td></td><td colspan="4"></td><td></td></tr>
<tr><td>2</td><td colspan="2">护角孔洞</td><td></td><td></td><td></td><td></td><td></td><td></td><td></td><td></td><td></td><td></td><td colspan="4"></td><td></td></tr>
<tr><td>3</td><td colspan="2">总厚度</td><td></td><td></td><td></td><td></td><td></td><td></td><td></td><td></td><td></td><td></td><td colspan="4"></td><td></td></tr>
<tr><td>4</td><td colspan="2">分格线</td><td></td><td></td><td></td><td></td><td></td><td></td><td></td><td></td><td></td><td></td><td colspan="4"></td><td></td></tr>
<tr><td>5</td><td colspan="2">滴水线</td><td></td><td></td><td></td><td></td><td></td><td></td><td></td><td></td><td></td><td></td><td colspan="4"></td><td></td></tr>
<tr><td>序号</td><td>项目</td><td colspan="2">允许偏差/mm</td><td colspan="12">实测偏差/mm</td><td></td><td></td></tr>
<tr><td></td><td></td><td>普通</td><td>高级</td><td>1</td><td>2</td><td>3</td><td>4</td><td>5</td><td>6</td><td>7</td><td>8</td><td>9</td><td>10</td><td></td><td></td><td></td></tr>
<tr><td rowspan="2">6</td><td rowspan="2">立面垂直度</td><td>0</td><td>1</td><td></td><td></td><td></td><td></td><td></td><td></td><td></td><td></td><td></td><td></td><td></td><td></td><td></td></tr>
<tr><td>4</td><td>3</td><td></td><td></td><td></td><td></td><td></td><td></td><td></td><td></td><td></td><td></td><td></td><td></td><td></td></tr>
<tr><td>7</td><td>表面平整度</td><td>4</td><td>2</td><td></td><td></td><td></td><td></td><td></td><td></td><td></td><td></td><td></td><td></td><td></td><td></td><td></td></tr>
<tr><td>8</td><td>阴阳角方正</td><td>4</td><td>2</td><td></td><td></td><td></td><td></td><td></td><td></td><td></td><td></td><td></td><td></td><td></td><td></td><td></td></tr>
<tr><td>9</td><td>阴阳角垂直</td><td>4</td><td>2</td><td></td><td></td><td></td><td></td><td></td><td></td><td></td><td></td><td></td><td></td><td></td><td></td><td></td></tr>
<tr><td>10</td><td>分格条缝</td><td>4</td><td>3</td><td></td><td></td><td></td><td></td><td></td><td></td><td></td><td></td><td></td><td></td><td></td><td></td><td></td></tr>
<tr><td>11</td><td>墙裙、勒脚</td><td>4</td><td>3</td><td></td><td></td><td></td><td></td><td></td><td></td><td></td><td></td><td></td><td></td><td></td><td></td><td></td></tr>
</table>

施工单位检查评定结果	项目专业质量检查员: 年 月 日
监理(建设)单位验收结论	监理工程师: (建设单位项目专业技术负责人) 年 月 日

归档编号:C2-5-1-5

抹灰隐蔽工程检查验收记录

工程名称:＿＿＿＿＿＿＿＿ 建设单位:＿＿＿＿＿＿＿＿ 图号:＿＿＿＿＿＿＿

隐蔽部位:＿＿＿＿＿＿＿＿ 施工单位:＿＿＿＿＿＿＿ 隐蔽日期:＿＿年＿＿月＿＿日

隐蔽检查内容:

监理工程师验核意见:	试验单、合格证、其他证明文件等编号		
	名称或直径	出厂合格证编号	证明单编号
验核人:			
参加核查人员意见:			
核查人:			

单位工程技术负责人:＿＿＿＿＿ 质量检查员:＿＿＿＿＿ 填表人:＿＿＿＿＿

注:本表适用于混凝土、钢筋、埋地工程、砌体埋筋、屋面、回填土等工程隐蔽。

3.36　外墙保温板

外墙保温板实训项目任务指导书

所属专业：　　　　　　指导教师：　　　　　　编制序号：施工-装饰-2

实训项目名称	外墙保温板	实训地点	实训厂房
		实训学时	2
适用专业	建设工程管理、建设工程监理、工程造价、建筑工程技术及其他相近专业		
实训目的	1.加深对外墙保温板工程施工工艺的理解和运用。 2.通过课程设计的实训训练，学生应能掌握外墙保温工程的施工流程、施工操作要点、质量控制点的设置、质量验收程序、质量验收标准、质量验收方法等理论知识及实际操作，并能将理论知识运用到实际操作中		
实训任务及要求	实训任务： 1.完成墙面基层清理、挂线、胶泥粘贴保温板、保温板挂网、胶泥罩面抹平、洞口处理等质量检验。 2.填写保温装饰板外保温系统墙体节能工程检验批工程质量验收表、节能工程质量隐蔽验收记录。 实训要求： 1.保温胶泥配合比计量准确；保温板粘贴符合验收规范要求，质量验收记录填写认真。 2.课程实训小组应独立完成实训任务，严禁抄袭，培养团队的合作精神及严谨的职业态度		
所需主要仪器设备	某工程外墙做法图纸、《质量验收规范》、推车、卸料铁板、灰槽、锹、托板、抹灰抹子、卷尺、石笔、手套等		
实训组织	学生分组，每组 4～5 人，教师讲解施工过程及操作要点并进行示范，学生自己动手操作，操作完成后相互点评，最后由教师进行总结		
实训步骤	1.根据专用胶泥配合比计量准确。 2.按材料用量比例拌制粘贴胶泥。 3.墙面挂线找平，胶泥粘贴保温板，用膨胀螺栓固定。 4.保温板表面挂玻璃纤维网格布并用胶泥抹面。 5.进行质量检验并填写保温装饰板外保温系统墙体节能工程检验批工程质量验收表、节能工程质量隐蔽验收记录		
实训预计成果（结论）	1.墙面保温板完成。 2.保温装饰板外保温系统墙体节能工程检验批工程质量验收表。 3.节能工程质量隐蔽验收记录		

考核标准	本实训成绩占期末总成绩一定比例,具体比例由任课教师根据授课情况确定。 　　1.考勤标准(20%):能够按时出勤,不迟到、不早退,态度认真,遵守实训纪律。 　　2.成果标准(50%):严格按说明书拌制胶泥,保温板粘贴质量符合图纸及规范要求。 　　3.表格质量(30%):按照质量验收规范要求填写,内容准确,字迹工整

外墙保温板实训成果

所属班级:　　　　　　　学生姓名:　　　　　　　编制时间:

1.完成墙面(图3-36)。

图 3-36

2.保温装饰板外保温系统墙体节能工程检验批工程质量验收表。

3.节能工程质量隐蔽验收记录

保温装饰板外保温系统墙体节能工程检验批工程质量验收表

JN3.2.4

工程名称			分项工程名称		检验批/分项系统、部位	
施工单位			专业工长		项目经理	
施工执行标准名称及编号						
分包单位			分包项目经理		施工班组长	
国家验收规范、省验收规程规定				施工单位检查评定记录		监理(建设)单位验收记录
主控项目	1	材料、构件等进场验收	规范 4.2.1 规程 4.6.1			
	2	保温隔热材料和黏结材料的复验及性能	规范 4.2.2 规范 4.2.3 规程 4.6.1			
	3	寒冷地区外保温黏结的冻融试验结果	规范 4.2.4			
	4	基层处理情况	规范 4.2.5			
	5	各层构造做法	规范 4.2.6			
	6	墙体节能工程的施工	规范 4.2.7 规程 4.6.2			
	7	装饰保温板外观质量	规范 4.3.1 规程 4.6.3			
	8	各类饰面层基层及面层施工	规范 4.2.10 规程 4.2.4			
	9	隔气层的设置及做法	规范 4.2.13			
	10	外墙或毗邻不采暖空间墙体上的门窗洞口侧面、凸窗四周侧面的保温措施	规范 4.2.14 规程 4.6.5			
	11	寒冷地区外墙热桥部位的隔断热桥措施	规范 4.2.15 规程 4.6.4			
	12	锚固件的固定与加强网的连接	规范 4.3.2 规程 4.6.6			

续表

		国家验收规范、省验收规程规定			施工单位检查评定记录							监理(建设)单位验收记录
一般项目	1	装饰保温板安装拼缝平整、缝内无胶黏剂	规程 4.6.8									
	2	装饰保温板板缝处理,嵌缝带压贴	规程 4.6.9									
	3	夏热冬冷地区外墙热桥部位隔断热桥措施	规范 4.3.3 规程 4.6.10									
	4	穿墙套管、脚手眼、孔洞等隔断热桥措施	规范 4.3.4									
	5	阳角、门窗洞口及不同材料基体的交接处等特殊部位	规范 4.3.7									
	6	装饰保温板安装允许偏差			规程 4.6.11							

	项次	项目	允许偏差/mm	实测值						
6	1	相邻两竖向板材间距尺寸	2.5							
	2	相邻两横向板材间距尺寸	2.0							
	3	两块相邻板材间距尺寸	1.5							
	4	相邻两横向板水平高差	2.0							
	5	横向板材水平度2m范围	2.0							
	6	竖向板材直线度	2.5							

施工单位检查评定结果	项目专业质量检查员:(项目技术负责人)	年 月 日
监理(建设)单位验收结论	监理工程师:(建设单位项目专业技术负责人)	年 月 日

节能工程质量隐蔽验收记录

JN 统表 2

工程名称			分项工程名称	
施工单位			隐蔽工程项目	
项目经理			专业工长	
分包单位			分包项目经理	
施工标准名称 及编号			施工图名称 及编号	
隐蔽工程部位				

	质量要求		施工单位 自查记录	监理（建设） 单位验收记录
1		附图片资料__份 编号：		
2		附图片资料__份 编号：		
3		附图片资料__份 编号：		
4		附图片资料__份 编号：		
5		附图片资料__份 编号：		
施工单位 检查结论	项目专业质量检查员： （项目技术负责人）			年　月　日
监理（建设） 单位验收结论	监理工程师： （建设单位项目负责人）			年　月　日

3.37　外墙砖粘贴

外墙砖粘贴实训项目任务指导书

所属专业：　　　　　　指导教师：　　　　　　编制序号：施工-装饰-3

实训项目名称	外墙砖粘贴	实训地点	实训厂房
		实训学时	2
适用专业	建设工程管理、建设工程监理、工程造价、建筑工程技术及其他相近专业		
实训目的	1.加深对外墙砖粘贴工程施工工艺的理解和运用。 2.通过课程设计的实训训练，学生应能掌握外墙砖粘贴工程的施工流程、施工操作要点、质量控制点的设置、质量验收程序、质量验收标准、质量验收方法等理论知识及实际操作，并能将理论知识运用到实际操作中		
实训任务及要求	实训任务： 1.完成墙面基层清理、挂线、打底灰、贴砖成活、质量检验。 2.填写饰面砖粘贴工程检验批质量验收记录、外墙砖隐蔽工程检查验收记录。 实训要求： 1.粘贴胶泥配合比计量准确；外墙砖粘贴符合验收规范要求，质量验收记录填写认真。 2.课程实训小组应独立完成实训任务，严禁抄袭，培养团队的合作精神及严谨的职业态度		
所需主要仪器设备	某工程外墙做法图纸、《质量验收规范》、手推车、卸料铁板、灰槽、锹、托板、抹灰抹子、卷尺、石笔、手套等		
实训组织	学生分组，每组4～5人，教师讲解施工过程及操作要点并进行示范，学生自己动手操作，操作完成后相互点评，最后由教师进行总结		
实训步骤	1.根据专用胶泥配合比计量准确。 2.按材料用量比例拌制粘贴胶泥。 3.墙面挂线找平，胶泥粘贴外墙砖。 4.进行质量检验并填写饰面砖粘贴工程检验批质量验收记录、外墙砖隐蔽工程检查验收记录		
实训预计成果（结论）	1.墙面砖粘贴完成。 2.饰面砖粘贴工程检验批质量验收记录。 3.外墙砖隐蔽工程检查验收记录		

续表

考核标准	本实训成绩占期末总成绩一定比例,具体比例由任课教师根据授课情况确定。 　　1.考勤标准(20%):能够按时出勤,不迟到、不早退,态度认真,遵守实训纪律。 　　2.成果标准(50%):严格按说明书拌制胶泥,外墙砖粘贴质量符合图纸及规范要求。 　　3.表格质量(30%):按照质量验收规范要求填写,内容准确,字迹工整

外墙贴砖实训成果

所属班级:　　　　　　　　学生姓名:　　　　　　　　编制时间:

1.完成外墙砖粘贴(图 3-37 仅供参考)。

图 3-37

2.饰面砖粘贴工程检验批质量验收记录。

3.外墙砖隐蔽工程检查验收记录

DB 21/1234—2003

饰面砖粘贴工程检验批质量验收记录

工程名称		分项工程名称		验收部位	
施工单位		专业工长		项目经理	
施工执行标准名称及编号					
分包单位		分包项目经理		施工班组长	

	序号	项目	施工单位检查评定记录	合格率/%	监理(建设)单位验收记录
主控项目	1	饰面砖的品种			
	2	饰面砖粘贴工程施工方法			
	*3	饰面砖粘贴牢固			
	4	满粘法施工			
一般项目	1	饰面砖表面			
	2	阴阳角处搭接方式			
	3	墙面突出物周围			
	4	饰面砖接缝			
	5	滴水线(槽)止水			

	序号	项目	允许偏差/mm		实测偏差/mm										
			外墙面砖	内墙面砖	1	2	3	4	5	6	7	8	9	10	
一般项目	6	立面垂直度	0	1											
			3	2											
	7	表面平整度	3	3											
	8	阴阳角方正	3	3											
	9	接缝直线度	3	2											
	10	接缝高低差	1	0.5											
	11	接缝宽度	0.5	0.5											

施工单位检查评定结果	项目专业质量检查员：　　　　　　　　　　　　　　　　年　　月　　日
监理(建设)单位验收结论	监理工程师： (建设单位项目专业技术负责人)　　　　　　　　　　　年　　月　　日

归档编号：C2-5-1-5

外墙砖隐蔽工程检查验收记录

工程名称：＿＿＿＿＿＿＿＿　　建设单位：＿＿＿＿＿＿＿＿　　图号：＿＿＿＿＿＿＿＿

隐蔽部位：＿＿＿＿＿＿＿＿　　施工单位：＿＿＿＿＿＿＿＿　　隐蔽日期：＿＿年＿＿月＿＿日

隐蔽检查内容：		

监理工程师验核意见：	试验单、合格证、其他证明文件等编号		
	名称或直径	出厂合格证编号	证明单编号
验核人：			
参加核查人员意见：			
核查人：			

单位工程技术负责人：　　　　　　　质量检查员：　　　　　　　填表人：

注：本表适用于混凝土、钢筋、埋地工程、砌体埋筋、屋面、回填土等工程隐蔽。

3.38 外墙石材干挂

外墙石材干挂实训项目任务指导书

所属专业： 指导教师： 编制序号:施工-装饰-4

实训项目名称	外墙石材干挂	实训地点	实训厂房
		实训学时	2
适用专业	建设工程管理、建设工程监理、工程造价、建筑工程技术及其他相近专业		
实训目的	1.加深对外墙石材干挂工程施工工艺的理解和运用。 2.通过课程设计的实训训练,学生应能掌握外墙石材干挂工程的施工流程、施工操作要点、质量控制点的设置、质量验收程序、质量验收标准、质量验收方法等理论知识及实际操作,并能将理论知识运用到实际操作中		
实训任务及要求	实训任务: 1.完成墙面地面基层清理,挂线排版,膨胀螺栓固定,主龙骨、副龙骨固定,固定角码及石材,找正成活,质量检验。 2.填写干挂石材工程检验批质量验收记录、外墙干挂石材隐蔽工程检查验收记录。 实训要求: 1.外墙干挂石材符合验收规范要求,质量验收记录应认真填写。 2.课程实训小组应独立完成实训任务,严禁抄袭,培养团队的合作精神及严谨的职业态度		
所需主要仪器设备	某工程外墙干挂石材施工图纸、《质量验收规范》、手推车、卸料铁板、灰槽、锹、托板、抹灰抹子、卷尺、石笔、手套等		
实训组织	学生分组,每组4~5人,教师讲解施工过程及操作要点并进行示范,学生自己动手操作,操作完成后相互点评,最后由教师进行总结		
实训步骤	1.根据排版确定材料用量及尺寸; 2.挂线排版,固定膨胀螺栓、主龙骨、副龙骨,固定角码及石材; 3.墙面石材成活; 4.进行质量检验并填写干挂石材工程检验批质量验收记录、外墙干挂石材隐蔽工程检查验收记录		
实训预计成果（结论）	1.干挂石材墙面; 2.干挂石材工程检验批质量验收记录; 3.外墙干挂石材隐蔽工程检查验收记录		

续表

考核 标准	本实训成绩占期末总成绩一定比例,具体比例由任课教师根据授课情况确定。 　1.考勤标准(20％):能够按时出勤,不迟到、不早退,态度认真,遵守实训纪律。 　2.成果标准(50％):外墙质量干挂石材符合图纸及规范要求。 　3.表格质量(30％):按照质量验收规范要求填写,内容准确,字迹工整

外墙干挂石材实训成果

所属班级: 　　　　　　学生姓名: 　　　　　　编制时间:

1.干挂石材完成墙面(图 3-38 仅供参考)。

图 3-38

2.干挂石材工程检验批质量验收记录。

3.外墙干挂石材隐蔽工程检查验收记录

DB 21/1234—2003

饰面板安装工程检验批质量验收记录

工程名称									分项工程名称								验收部位		
施工单位									专业工长								项目经理		
施工执行标准名称及编号																			
分包单位									分包项目经理								施工班组长		

	序号	项目								施工单位检查评定记录								合格率/%	监理(建设)单位验收记录
主控项目	1	饰面板的品种																	
	2	饰面板孔、槽的数量、位置和尺寸																	
	*3	饰面板安装工程的预埋件																	
一般项目	1	饰面板表面应规方、平整、洁净、色泽一致																	
	2	饰面板嵌缝密实、平整、宽度和深度																	
	3	湿作业法施工的饰面板工程																	
	4	饰面板上的孔洞应套割吻合,边缘应整齐																	

	序号	项目	允许偏差/mm							实测偏差/mm									
			石材			瓷板	木材	塑料	金属	1	2	3	4	5	6	7	8	9	10
			光镜面	剁斧石	蘑菇石														
一般项目	5	立面垂直度	0 2	0 3	0 2	0 2	1 1.5	0 2	0 2										
	6	表面平整度	2	3	—	1.5	1	3	3										
	7	阴阳角方正	2	4	4	2	1.5	3	3										
	8	接缝直线度	2	4	4	2	1	2	1										
	9	墙裙、勒角直线度	2	3	3	2	2	2	2										
	10	接缝高低差	0.5	3	—	0.5	0.5	1	1										
	11	接缝宽度	1	2	2	1	1	1	1										

施工单位检查评定结果	项目专业质量检查员:	年 月 日
监理(建设)单位验收结论	监理工程师:	年 月 日

外墙干挂石材隐蔽工程检查验收记录

工程名称：_____　　建设单位：_____　　图号：_____

隐蔽部位：_____　　施工单位：_____　　隐蔽日期：___年___月___日

隐蔽检查内容：			
监理工程师验核意见： 验核人：	试验单、合格证、其他证明文件等编号		
	名称或直径	出厂合格证编号	证明单编号
参加核查人员意见： 核查人：			

单位工程技术负责人：　　　　　质量检查员：　　　　　填表人：

注：本表适用于混凝土、钢筋、埋地工程、砌体埋筋、屋面、回填土等工程隐蔽。

3.39 地面砖粘贴

地面砖粘贴实训项目任务指导书

所属专业:　　　　　　指导教师:　　　　　　编制序号:施工-装饰-5

实训项目名称	地面砖粘贴	实训地点	实训厂房
		实训学时	2
适用专业	建设工程管理、建设工程监理、工程造价、建筑工程技术及其他相近专业		
实训目的	1.加深对地面砖粘贴工程施工工艺的理解和运用。 2.通过课程设计的实训训练,学生应能掌握地面砖粘贴工程的施工流程、施工操作要点、质量控制点的设置、质量验收程序、质量验收标准、质量验收方法等理论知识及实际操作,并能将理论知识运用到实际操作中		
实训任务及要求	实训任务: 1.完成地面基层清理、挂线、打底灰、贴砖成活、质量检验。 2.填写地面砖面层、预制板块面层检验批质量验收记录、地面砖粘贴隐蔽工程检查验收记录。 实训要求: 1.粘贴砂浆配合比计量准确;地面砖粘贴符合验收规范要求,质量验收记录应认真填写。 2.课程实训小组应独立完成实训任务,严禁抄袭,培养团队的合作精神及严谨的职业态度		
所需主要仪器设备	某工程地面做法图纸、质量验收规范、手推车、卸料铁板、灰槽、锹、托板、抹灰抹子、卷尺、石笔、手套等		
实训组织	学生分组,每组4~5人,教师讲解施工过程及操作要点并进行示范,学生自己动手操作,操作完成后相互点评,最后由教师进行总结		
实训步骤	1.按材料用量比例拌制粘贴砂浆。 2.地面挂线找平,砂浆粘贴地面砖。 3.进行质量检验并填写地面砖面层、预制板块面层检验批质量验收记录、地面砖粘贴隐蔽工程检查验收记录		
实训预计成果（结论）	1.地面贴砖完成。 2.地面砖面层、预制板块面层检验批质量验收记录。 3.地面砖粘贴隐蔽工程检查验收记录		
考核标准	本实训成绩占期末总成绩一定比例,具体比例由任课教师根据授课情况确定。 1.考勤标准(20%):能够按时出勤,不迟到、不早退,态度认真,遵守实训纪律。 2.成果标准(50%):严格按配合比拌制砂浆,地面砖粘贴质量符合图纸及规范要求。 3.表格质量(30%):按照质量验收规范要求填写,内容准确,字迹工整		

地面砖粘贴实训成果

所属班级：　　　　　　　学生姓名：　　　　　　　编制时间：

1. 地面砖粘贴完成（图 3-39 仅供参考）。

图 3-39

2. 地面砖面层、预制板块面层检验批质量验收记录。

3. 地面砖粘贴隐蔽工程检查验收记录

DB 21/1234—2003

地面砖面层、预制板块面层检验批质量验收记录

工程名称			分项工程名称		验收部位	
施工单位			专业工长		项目经理	
施工执行标准名称及编号						
分包单位			分包项目经理		施工组组长	

主控项目	项次	项目					施工单位检查记录	合格率/%	监理(建设)单位验收记录
主控项目	1	材料的要求							
	2	上下层结合							
一般项目	1	表面质量							
	2	镶边质量							
	3	踢脚线							
	4	楼梯踏步							
	5	砖面层坡度、防水							

	项次	项目	允许偏差/mm					实测偏差/mm										
			陶瓷锦(地)砖面层、高级水磨石板面层	缸砖面层	水泥花砖面层	水磨石板块面层	水泥混凝土板块面层	1	2	3	4	5	6	7	8	9	10	
一般项目	6	表面平整度	0 2.0	0 4.0	0 3.0	0 3.0	0 4.0											
	7	缝格平直	3.0	3.0	3.0	3.0	3.0											
	8	接缝高低差	0.5	1.5	0.5	1.0	1.5											
	9	踢脚线上口平直	3.0	4.0	—	4.0	4.0											
	10	板缝间隙宽度	2.0	2.0	2.0	2.0	6.0											

施工单位检查评定结果	项目专业质量检查员: 年 月 日
监理(建设)单位验收结论	监理工程师: (建设单位项目专业技术负责人) 年 月 日

归档编号：C2-5-1-5

地面砖粘贴隐蔽工程检查验收记录

工程名称：_____ 建设单位：_____ 图号：_____

隐蔽部位：_____ 施工单位：_____ 隐蔽日期：___年___月___日

隐蔽检查内容：		
监理工程师验核意见：	试验单、合格证、其他证明文件等编号	
	名称或直径	出厂合格证编号	证明单编号
验核人：			
参加核查人员意见：			
核查人：			

单位工程技术负责人：_____ 质量检查员：_____ 填表人：_____

注：本表适用于混凝土、钢筋、埋地工程、砌体埋筋、屋面、回填土等工程隐蔽。

3.40 钢柱与基础连接

钢柱与基础连接实训项目任务指导书

所属专业：　　　　　　指导教师：　　　　　　编制序号：施工-钢结构-1

实训项目名称	钢柱与基础连接	实训地点	实训厂房
		实训学时	2
适用专业	建设工程管理、建设工程监理、工程造价、建筑工程技术及其他相近专业		
实训目的	1.加深对钢结构工程施工工艺的理解和运用。 2.通过课程设计的实训训练，学生应能掌握钢结构工程的施工流程、施工操作要点、质量控制点的设置、质量验收程序、质量验收标准、质量验收方法等理论知识及实际操作，并能将理论知识运用到实际操作中		
实训任务及要求	实训任务： 1.完成钢结构的基础与钢梁的连接及质量检验。 2.填写钢结构焊接分项工程检验批质量验收记录(钢构件焊接一般项目部分)。 实训要求： 1.钢柱与基础连接符合验收规范要求，质量验收记录应认真填写。 2.课程实训小组应独立完成实训任务，严禁抄袭，培养团队的合作精神及严谨的职业态度		
所需主要仪器设备	某工程钢柱与基础连接图纸、《质量验收规范》、钢材、电焊机、切割机、卷尺、石笔、手套等		
实训组织	学生分组，每组4～5人，教师讲解施工过程及操作要点并进行示范，学生自己动手操作，操作完成后相互点评，最后由教师进行总结		
实训步骤	1.根据实际确定材料用量及尺寸。 2.采用焊接或螺栓连接钢柱与基础。 3.进行质量检验，并填写钢结构焊接分项工程检验批质量验收记录(钢构件焊接一般项目部分)		
实训预计成果(结论)	1.基础与钢柱连接体。 2.钢结构焊接分项工程检验批质量验收记录(钢构件焊接一般项目部分)		
考核标准	本实训成绩占期末总成绩一定比例，具体比例由任课教师根据授课情况确定。 1.考勤标准(20%)：能够按时出勤，不迟到、不早退，态度认真，遵守实训纪律。 2.成果标准(50%)：严格按图施工，钢结构质量符合图纸及规范要求。 3.表格质量(30%)：按照质量验收规范要求填写，内容准确，字迹工整		

钢柱基础连接实训成果

所属班级：　　　　　　　学生姓名：　　　　　　　编制时间：

1.基础与钢柱连接体（图 3-40 仅供参考）。

图 3-40

2.钢结构焊接分项工程检验批质量验收记录（钢构件焊接一般项目部分）

钢结构焊接分项工程检验批质量验收记录
(钢构件焊接一般项目部分)

DB 21/1234—2003

工程名称		分项工程名称		验收部位	
施工单位		专业工长		项目经理	
施工执行标准名称及编号					
分包单位		分包项目经理		施工班组长	

		项目	施工单位检查评定记录	合格率/%	监理(建设)单位验收记录
主控项目	*1	焊接材料的品种、规格、性能			
	2	焊接材料复验			
	3	焊接材料与母材的匹配			
	*4	焊工合格证			
	5	焊接工艺评定			
	*6	焊缝的内部缺陷			
	7	组合焊缝的焊脚尺寸			
	8	焊缝的表面缺陷			

		项目			施工单位检查评定记录	合格率/%	监理(建设)单位验收记录
一般项目	1	焊接材料的外观质量					
	2	预热和后热处理					
	3	焊缝的外观质量					

		项目		允许偏差/mm		实测偏差/mm
				一、二级	三级	1 2 3 4 5 6 7 8 9 10
一般项目	4	焊缝尺寸/mm				
		对接焊缝及完全熔透组合焊缝	余高 C	B<20	0	1
					0~3.0	0~4.0
				B≥20	0~4.0	0~5.0
			错边 d	<0.15t 且≤2.0	<0.15t 且≤3.0	
		部分焊透组合焊缝和角焊缝	焊脚尺寸	0~1.5		
				0~3.0		
			角焊缝余高 c	0~1.5		
				0~3.0		
	5	凹形角焊缝				
	6	焊缝观感				

施工单位检查评定结果	项目专业质量检查员： 年 月 日
监理(建设)单位验收结论	监理工程师： (建设单位项目专业技术负责人) 年 月 日

注:t 表示连接处较薄的板厚。

3.41 钢柱与钢梁连接

钢柱与钢梁连接实训项目任务指导书

所属专业： 指导教师： 编制序号:施工-钢结构-2

实训项目名称	钢柱与钢梁连接	实训地点	实训厂房
		实训学时	2
适用专业	建设工程管理、建设工程监理、工程造价、建筑工程技术及其他相近专业		
实训目的	1.加深对钢结构工程施工工艺的理解和运用。 2.通过课程设计的实训训练,学生应能掌握钢结构工程的施工流程、施工操作要点、质量控制点的设置、质量验收程序、质量验收标准、质量验收方法等理论知识及实际操作,并能将理论知识运用到实际操作中		
实训任务及要求	实训任务: 1.完成钢结构的钢柱与钢梁的连接及质量检验。 2.填写钢结构焊接分项工程检验批质量验收记录(钢构件焊接一般项目部分)。 实训要求: 1.钢柱与钢梁连接符合验收规范要求,质量验收记录应认真填写。 2.课程实训小组应独立完成实训任务,严禁抄袭,培养团队的合作精神及严谨的职业态度		
所需主要仪器设备	某工程钢柱与钢梁连接图纸、《质量验收规范》、钢材、电焊机、切割机、卷尺、石笔、手套等		
实训组织	学生分组,每组4~5人,教师讲解施工过程及操作要点并进行示范,学生自己动手操作,操作完成后相互点评,最后由教师进行总结		
实训步骤	1.根据实际确定材料用量及尺寸。 2.采用焊接或螺栓连接钢柱与钢梁。 3.进行质量检验,并填写钢结构焊接分项工程检验批质量验收记录(钢构件焊接一般项目部分)		
实训预计成果(结论)	1.钢柱与钢梁连接体。 2.钢结构焊接分项工程检验批质量验收记录(钢构件焊接一般项目部分)		
考核标准	本实训成绩占期末总成绩一定比例,具体比例由任课教师根据授课情况确定。 1.考勤标准(20%):能够按时出勤,不迟到、不早退,态度认真,遵守实训纪律。 2.成果标准(50%):严格按图施工,钢结构质量符合图纸及规范要求。 3.表格质量(30%):按照质量验收规范要求填写,内容准确,字迹工整		

钢柱钢梁连接实训成果

所属班级： 学生姓名： 编制时间：

1.钢柱与钢梁连接体(图 3-41 仅供参考)。

图 3-41

2.钢结构焊接分项工程检验批质量验收记录(钢构件焊接一般项目部分)

DB 21/1234—2003

钢结构焊接分项工程检验批质量验收记录
（钢构件焊接一般项目部分）

工程名称			分项工程名称		验收部位	
施工单位			专业工长		项目经理	
施工执行标准名称及编号						
分包单位			分包项目经理		施工班组长	

		项目	施工单位检查评定记录										合格率/%	监理（建设）单位验收记录
主控项目	*1	焊接材料的品种、规格、性能												
	2	焊接材料复验												
	3	焊接材料与母材的匹配												
	*4	焊工合格证												
	5	焊接工艺评定												
	*6	焊缝的内部缺陷												
	7	组合焊缝的焊脚尺寸												
	8	焊缝的表面缺陷												
一般项目	1	焊接材料的外观质量												
	2	预热和后热处理												
	3	焊缝的外观质量												

		项目		允许偏差/mm		实测偏差/mm										
				一、二级	三级	1	2	3	4	5	6	7	8	9	10	
一般项目	4	焊缝尺寸/mm														
		对接焊缝及完全熔透组合焊缝	余高 C	$B<20$	0	1										
					0～3.0	0～4.0										
				$B \geq 20$	0～4.0	0～5.0										
			错边 d	$<0.15t$ 且≤ 2.0	$<0.15t$ 且≤ 3.0											
		部分焊透组合焊缝和角焊缝	焊脚尺寸	0～1.5												
				0～3.0												
			角焊缝余高 c	0～1.5												
				0～3.0												
	5	凹形角焊缝														
	6	焊缝观感														

施工单位检查评定结果	项目专业质量检查员： 年 月 日
监理（建设）单位验收结论	监理工程师： （建设单位项目专业技术负责人） 年 月 日

注：t 表示连接处较薄的板厚。

4 工程质量检测实训项目

4.1 混凝土强度检测(非破损检测试验)

混凝土强度检测(非破损检测试验)实训项目任务指导书

所属专业:　　　　　　指导教师:　　　　　　编制序号:质检(一)

实训项目名称	混凝土强度检测(非破损检测试验)	实训地点	工程监理检测实训室
		实训学时	2
适用专业	建设工程管理、建筑工程技术、建设工程监理、工程造价及其他相近专业		
实训目的	1.通过实训,学生应了解回弹仪的基本构造、基本性能、工作原理和使用方法。 2.通过实训,学生应掌握回弹法检测混凝土强度的基本步骤和方法。 3.通过实训,学生应具备进行结构试验的动手能力和科学研究的分析能力		
实训任务及要求	实训任务: 1.完成回弹法检测钢筋混凝土结构构件强度试验。 2.填写混凝土回弹法测试记录表(表4-1)。 实训要求: 回弹仪操作符合规范要求,测区选择适宜,测点选择正确,读数精准,数据处理认真、严谨;课程实训期间,严禁捏造、抄袭		
所需主要仪器设备	回弹仪、梁、板、柱构件、锤子、凿子、酚酞试剂		
实训组织	学生分组,每组4~5人,教师讲解施工过程及操作要点并进行示范,学生自己动手操作,操作完成后相互点评,最后由教师进行总结		
实训步骤	1.测区及测点布置。 　每位同学各自选取一个测区,每测区面积约20cm×20cm,每测区弹击16个点。构件测区的选择应符合相关要求;结构或构件的测区应标有清晰的编号,必要时应在记录纸上描述测区布置示意图和外观质量情况。 　2.回弹值的测量。 　回弹仪使用时的环境温度应为-4~40℃。检测时,将弹击杆1垂直对准具有代表性的被测位置,然后使仪器的冲锤借弹簧的力量打击冲杆,根据与冲杆头部接触处的混凝土试件表面的硬度,冲锤将回弹到一定位置,可以按刻度尺上的指针读出回弹值。回弹仪的轴线应始终垂直于结构或构件的混凝土检测面,缓慢施压,准确读数,快速复位。具体参见《回弹法检测混凝土抗压强度技术规程》(JGJ/T 23—2011)		
实训预计成果(结论)	混凝土回弹法测试记录表		

考核标准	本实训成绩占期末总成绩一定比例,具体比例由授课教师根据授课情况决定。 1. 考勤标准(20%):能够按时出勤,不迟到、不早退,态度认真,遵守实训纪律。 2. 实际操作(50%):试验顺序符合要求,仪器操作得当。 3. 数据处理(30%):数据处理精准,内容准确,字迹工整

混凝土强度检测(非破损检测试验)试验报告

所属班级:　　　　　　　学生姓名:　　　　　　　编制时间:

表 4-1　　　　　　　　　　**混凝土回弹法测试记录表**

建设单位名称:　　　　　　　　　　　　　　　测试单位:　　　(公章)

单位工程名称:　　　　第　页　共　页　　　测试日期:　　年　月　日

| 编号 | | 回弹值(R) | | | | | | | | | | | | | | | | | 碳化深度 |
构件	测区	1	2	3	4	5	6	7	8	9	10	11	12	13	14	15	16	R_m	d_i/mm
	1																		
	2																		
	3																		
	4																		
	5																		
	6																		
	7																		
	8																		
	9																		
	10																		
	11																		
	12																		
	13																		
	14																		
	15																		

测面状态	侧面、表面、底面、干、潮湿	回弹仪	型号		回弹仪检定证号:	
测试角度	水平、向上、向下		编号		测试人员资格证号:	
			率定值			

4.2 砂浆强度检测(非破损检测试验)

砂浆强度检测(非破损检测试验)实训项目任务指导书

所属专业:　　　　　　　指导教师:　　　　　　　编制序号:质检(二)

实训项目名称	砂浆强度检测(非破损检测试验)	实训地点	工程监理检测实训室
		实训学时	2
适用专业	建设工程管理、建筑工程技术、建设工程监理、工程造价及其他相近专业		
实训目的	1.使学生了解回弹仪的基本构造、基本性能、工作原理和使用方法。 2.使学生掌握回弹法检测砂浆强度的基本步骤和方法。 3.培养学生进行结构试验的动手能力和科学研究的分析能力		
实训任务及要求	实训任务: 1.完成回弹法检测砂浆强度试验。 2.填写回弹法检测砂浆强度记录表(表4-2)。 实训要求: 回弹仪操作符合规范要求,测区选择适宜,测点选择正确,读数精准,数据处理认真、严谨;课程实训期间,严禁捏造、抄袭		
所需主要仪器设备	回弹仪、砌体墙、游标尺、1%的酚酞试剂		
实训组织	学生分组,每组4~5人,教师讲解施工过程及操作要点并进行示范,学生自己动手操作,操作完成后相互点评,最后由教师进行总结		
实训步骤	1.测位处的粉刷层、勾缝砂浆、污物等应清除干净;弹击点处的砂浆表面,应仔细打磨平整,并除去浮灰。 2.每个测位内均匀布置12个弹击点。选定弹击点应避开砖的边缘、气孔或松动的砂浆。相邻两弹击点的间距不应小于20mm。 3.在每个弹击点上,使用回弹仪连续弹击3次,第1、2次不读数,仅记读第3次回弹值,精确至1个刻度。测试过程中,回弹仪应始终处于水平状态,其轴线应垂直于砂浆表面,且不得移位。 4.在每一测位内,选择1~3处灰缝,用游标尺和1%的酚酞试剂测量砂浆碳化深度,读数应精确至0.5mm		
实训预计成果(结论)	回弹法检测砂浆强度记录		
考核标准	本实训成绩占期末总成绩一定比例,具体比例由授课教师根据授课情况决定。 1.考勤标准(20%):能够按时出勤,不迟到、不早退,态度认真,遵守实训纪律。 2.实际操作(50%):试验顺序符合要求,仪器操作得当。 3.数据处理(30%):数据处理精准,内容准确,字迹工整		

砂浆强度检测(非破损检测试验)试验报告

所属班级：＿＿＿＿＿＿＿ 学生姓名：＿＿＿＿＿＿＿ 编制时间：＿＿＿＿＿＿＿

表 4-2　　　　　　　　回弹法检测砂浆强度记录表

委托单位：＿＿＿＿＿　监理单位：＿＿＿＿＿　砂浆强度等级：＿＿＿＿

检测依据：＿＿＿＿＿　检测环境：＿＿＿＿＿

工程名称：＿＿＿＿＿　浇筑日期：＿＿＿＿＿　检测日期：＿＿＿＿＿

检验编号：＿＿＿＿＿　任务单编号：＿＿＿＿＿

构件名称	测区编号	1	2	3	4	5	6	7	8	9	10	11	12	碳化深度/mm	测区平均值	换算值 f_{2ij}
	1															
	2															
	3															
	4															
	5															
	6															
	7															
	8															
	9															
	10															

平均碳化深度/mm		测算公式	$d \leqslant 1.0\text{mm}$	$f_{2ij} = 13.97 \times 10^{-3} R^{3.57}$	测区的砂浆抗压强度平均值：
			$1.0\text{mm} < d < 3.0\text{mm}$	$f_{2ij} = 4.85 \times 10^{-4} R^{3.04}$	$f_{2i} = \dfrac{1}{n} \sum\limits_{j=1}^{n} f_{2ij} =$
			$d \geqslant 3.0\text{mm}$	$f_{2ij} = 6.34 \times 10^{-5} R^{3.60}$	

测试条件	测试角度：□水平　□向上　□向下	回弹仪	型号		测区布置图	
			编号		备注	
			率定值			

审核：　　　　　　　　记录：　　　　　　　　试验：

4.3 非金属材料厚度检测

非金属材料厚度检测实训项目任务指导书

所属专业：　　　　　　指导教师：　　　　　　编制序号:质检(三)

实训项目名称	非金属材料厚度检测	实训地点	工程监理检测实训室
		实训学时	2
适用专业	建设工程管理、建筑工程技术、建设工程监理、工程造价		
实训目的	1.学生应了解超声波测厚仪的基本构造、基本性能、工作原理和使用方法。 2.学生应掌握非金属材料厚度检测的基本步骤和方法		
实训任务及要求	实训任务: 1.完成用超声波测厚仪检测非金属材料的厚度。 2.填写超声波检测记录表(表4-3)。 实训要求: 超声波测厚仪操作符合规范要求,构件被测部位表面处理符合要求,读数精准,数据处理认真、严谨;课程实训期间,严禁捏造、抄袭		
所需主要仪器设备	超声波测厚仪、钢板		
实训组织	学生分组,每组4~5人,教师讲解施工过程及操作要点并进行示范,学生自己动手操作,操作完成后相互点评,最后由教师进行总结		
实训步骤	1.被检部位的表面处理。 清除所需检测部位表面的灰尘、污垢、氧化皮、锈蚀物、油漆等覆盖物,对于粗糙表面,可以用400#砂纸打磨以露出金属光泽;被检部位大小约为30mm×30mm。 2.测量被测物体的声速。 将探头与对比试块中央的千分尺测量部位耦合,显示出厚度值,然后将探头转动90°,使探头串音隔声板与前一次垂直,再次测量试块厚度,以2次测量中数值小的作为试块的厚度。如2次测量示值分别为24.88mm和24.90mm,则以第1次的24.88mm作为此区域的厚度值。检测时探头要放置平稳,压力要适当。 3.钢板实际厚度的测量。 在声速条件下,对被测物体表面已清理的被检测部位进行测量记录,每个测厚位置在相互垂直的方向各测量1次,厚度以小的值为准		
实训预计成果(结论)	超声波检测记录		

续表

考核标准	本实训成绩占期末总成绩一定比例,具体比例由授课教师根据本身的授课情况而定。 1.考勤标准(20％):能够按时出勤,不迟到、不早退,态度认真,遵守实训纪律。 2.实际操作(50％):试验顺序符合要求,仪器操作得当。 3.数据处理(30％):数据处理精准,内容准确,字迹工整

<h1 align="center">非金属材料厚度检测试验报告</h1>

所属班级:　　　　　　学生姓名:　　　　　　编制时间:

表 4-3 　　　　　　　　　　　　　超声波检测记录表

记录编号:C2011(28)_____

序号	构件编号	焊缝编号	厚度/mm	检测长度/mm	缺陷显示描述					评定级别	结果
					NI	RI	UI	深度	长度	当量		
备注	NI—无应记录缺陷;RI—有应记录缺陷;UI—有应返修缺陷;深度、长度单位为 mm;当量单位为 dB											

现场检测:　　　　　　校对:　　　　　　检测日期:

4.4 钢筋混凝土构件(柱、梁、板)钢筋位置检测

钢筋混凝土构件(柱、梁、板)钢筋位置检测实训项目任务指导书

所属专业：　　　　　　　指导教师：　　　　　　　编制序号:质检(四)

实训项目 名称	钢筋混凝土构件(柱、梁、板)钢筋位置检测	实训地点	工程监理检测实训室
		实训学时	2
适用 专业	建设工程管理、建筑工程技术、建设工程监理、工程造价及其他相近专业		
实训 目的	1.学生应了解钢筋位置扫描仪的基本构造、基本性能、工作原理和使用方法。 2.检测混凝土结构的混凝土保护层厚度,包括钢筋位置和混凝土保护层厚度测量		
实训任务 及要求	实训任务: 1.完成用钢筋位置测定仪检测钢筋混凝土构件中钢筋的位置与保护层厚度计算。 2.填写钢筋位置检测记录表(表4-4)。 实训要求: 钢筋位置测定仪操作符合规范要求,读数精准,数据处理认真、严谨;课程实训期间,严禁捏造、抄袭		
所需主要 仪器设备	钢筋位置测定仪、梁、板、柱构件及相应图纸		
实训 组织	学生分组,每组4～5人,教师讲解施工过程及操作要点并进行示范,学生自己动手操作,操作完成后相互点评,最后由教师进行总结		
实训 步骤	1.钢筋位置与检测部位的确定: (1)初步确定钢筋位置; (2)确定箍筋或横向钢筋位置; (3)确定被测钢筋的检测部位。 2.钢筋保护层厚度的测定: (1)确定钢筋准确位置后,根据相关公式计算钢筋保护层厚度; (2)根据工程实际情况采用其他测试手段进行验证		
实训 预计成果 (结论)	钢筋位置检测记录表		
考核 标准	本实训成绩占期末总成绩一定比例,具体比例由授课教师根据授课情况决定。 1.考勤标准(20%):能够按时出勤,不迟到、不早退,态度认真,遵守实训纪律。 2.实际操作(50%):试验顺序符合要求,仪器操作得当。 3.数据处理(30%):数据处理精准,内容准确,字迹工整		

钢筋混凝土构件(柱、梁、板)钢筋位置检测试验报告

所属班级：　　　　　　学生姓名：　　　　　　编制时间：

表 4-4　　　　　　　　　　钢筋位置检测记录表

工程名称		分项工程名称	
验收部位		施工班组	
检查项目	班组检查记录	专业工长核查记录	
钢筋的规格、级别、数量			
箍筋间距、数量			
受力钢筋保护层厚度			
预埋钢筋位置			

4.5 楼板厚度检测

楼板厚度检测实训项目任务指导书

所属专业：　　　　　　指导教师：　　　　　　编制序号:质检(五)

实训项目名称	楼板厚度检测	实训地点	工程监理检测实训室
		实训学时	2
适用专业	建设工程管理、建筑工程技术、建设工程监理、工程造价及其他相近专业		
实训目的	1.通过实训,学生应了解楼板厚度检测仪的基本构造、工作原理和使用方法。 2.通过实训,学生应掌握楼板厚度的检测方法		
实训任务及要求	实训任务： 1.完成用楼板厚度检测仪检测楼板的层厚度。 2.填写楼板厚度检测记录表(表4-5)。 实训要求： 楼板厚度检测仪操作符合规范要求,测点布置合理,试验流程准确,读数精准,数据处理认真、严谨;课程实训期间,严禁捏造、抄袭		
所需主要仪器设备	楼板厚度检测仪、钢筋混凝土楼板及相应图纸		
实训组织	学生分组,每组 4～5 人,教师讲解施工过程及操作要点并进行示范,学生自己动手操作,操作完成后相互点评,最后由教师进行总结		
实训步骤	1.测点布置。 现场测试前,应了解所检测的楼号,确定单元号,并在要测厚的楼板上布置测点位置,对每个测点依次编号(按楼号顺序编号,或按单元顺序编号)。 2.仪器连接、开机和设置。 3.测厚方法。 打开发射探头电源开关,举起探头置于楼板底面预先布置的测点上,探头顶面紧贴楼板底面。把探头紧贴楼板顶面,再左右慢慢移动探头,使屏幕上厚度值逐渐减小,直到找到最小值的位置即为该测点的楼板厚度。按确定键存储,该测点测厚完成,测点号按顺序自动增加,进入下一个测点,直到全部测点完成		
实训预计成果(结论)	楼板厚度检测记录		
考核标准	本实训成绩占期末总成绩一定比例,具体比例由授课教师根据授课情况决定。 1.考勤标准(20%):能够按时出勤,不迟到、不早退,态度认真,遵守实训纪律。 2.实际操作(50%):试验顺序符合要求,仪器操作得当。 3.数据处理(30%):数据处理精准,内容准确,字迹工整		

楼板厚度检测试验报告

所属班级： 学生姓名： 编制时间：

表 4-5 楼板厚度检测记录表

工程名称		注册编号					
施工单位		检测日期					
建设单位		设计单位					
监理单位		检测依据	《混凝土结构工程施工质量验收规范（2011 版）》（GB 50204—2002）、《混凝土结构设计规范》（GB 50010—2010）				
序号	设计楼板厚度/mm	构件部位	标准偏差/mm		实测楼板厚度/mm	实测偏差/mm	超差点数
结论	依据《混凝土结构工程施工质量验收规范（2011 版）》（GB 50204—2002），共抽查__点，合格点__个，合格率__ %。 注：超出 1.5 倍允许偏差点数__个。						
备注	仪器设备：钢制刻度尺　　　使用前：　　　使用后：						

4.6 钢结构及金属构件焊缝质量检测

钢结构及金属构件焊缝质量检测实训项目任务指导书

所属专业：　　　　　　指导教师：　　　　　　编制序号:质检(六)

实训项目名称	钢结构及金属构件焊缝质量检测	实训地点	工程监理检测实训室
		实训学时	2
适用专业	建设工程管理、建筑工程技术、建设工程监理、工程造价及其他相近专业		
实训目的	1.通过实训,学生应了解焊缝检测仪的基本构造、工作原理和使用方法。 2.通过实训,学生应掌握焊缝质量检测的方法		
实训任务及要求	实训任务: 1.完成用焊缝质量检测仪检测金属构件焊缝质量。 2.填写钢结构焊缝超声波探伤检测记录表(表4-6)。 实训要求: 　焊缝质量检测仪操作符合规范要求,测点布置合理,试验流程准确,读数精准,数据处理认真、严谨;课程实训期间,严禁捏造、抄袭		
所需主要仪器设备	焊缝质量检测仪、焊接钢筋或焊接钢板		
实训组织	学生分组,每组4~5人,教师讲解施工过程及操作要点并进行示范,学生自己动手操作,操作完成后相互点评,最后由教师进行总结		
实训步骤	1.明确质量要求; 2.进行项目检测; 3.评定测试结果; 4.报告检验结果		
实训预计成果(结论)	钢结构焊缝超声波探伤检测记录		
考核标准	本实训成绩占期末总成绩一定比例,具体比例由授课教师根据授课情况决定。 1.考勤标准(20%):能够按时出勤,不迟到、不早退,态度认真,遵守实训纪律。 2.实际操作(50%):试验顺序符合要求,仪器操作得当。 3.数据处理(30%):数据处理精准,内容准确,字迹工整		

钢结构及金属构件焊缝质量检测试验报告

所属班级：_____　　　　学生姓名：_____　　　　编制时间：_____

表 4-6　　　　　　　　钢结构焊缝超声波探伤检测记录表

工程名称：_____　　　　委托单位：_____

委托单号：_____　　　　材质：_____　　　　焊接方式：_____

焊缝类型：_____　　　　耦合剂：_____　　　　探头规格：_____

序号	工件/焊缝编号	设计等级	板厚/mm	缺陷编号	缺陷位置/mm					指示长度/mm	当量/(SL+dB)	波高区域	检测级别	探伤长度/mm	备注
					S_1	S_2	X	Y	H						

4.7　砌体墙面平整度、垂直度、阴阳角方正检测

砌体墙面平整度、垂直度、阴阳角方正检测实训项目任务指导书

所属专业：　　　　　　指导教师：　　　　　　编制序号：质检（七）

实训项目名称	砌体墙面平整度、垂直度、阴阳角方正检测	实训地点	工程监理检测实训室
		实训学时	2
适用专业	建设工程管理、建筑工程技术、建设工程监理、工程造价及其他相近专业		
实训目的	1.使学生了解检测包中检测工具的使用方法。 2.通过实训，学生应掌握砌体墙面平整度、垂直度、阴阳角方正的检测方法		
实训任务及要求	实训任务： 1.完成用垂直检测尺及检测包检测砌体墙面平整度、垂直度及阴阳角方正。 2.填写骨架隔墙工程检验批质量验收记录（表4-7）。 实训要求： 垂直检测尺、检测包内检测工具操作符合规范要求，测点布置合理，试验流程准确，读数精准，数据处理认真、严谨；课程实训期间，严禁捏造、抄袭		
所需主要仪器设备	垂直检测尺、检测包、砌体墙		
实训组织	学生分组，每组4~5人，教师讲解施工过程及操作要点并进行示范，学生自己动手操作，操作完成后相互点评，最后由教师进行总结		
实训步骤	1.平整度检测。 （1）选择测区测点：当墙面长度小于3m时，各墙面顶部和根部4个角中，取左上及右下2个角。当墙面长度大于3m时，还需在墙长度中间位置增加1次水平测量，3次测量值均作为判断该实测指标合格率的3个计算点。 （2）墙面有门窗、过道洞口的，在各洞口45°斜交测一次，为新增实测指标合格率的1个点。 2.垂直度检测。 （1）实测值主要反映砌体墙体垂直度，应避开墙顶梁、墙底灰砂砖或混凝土反坎、墙体斜顶砖，消除其测量值的影响，如2m靠尺过高不易定位，可采用1m靠尺。 （2）当墙长度小于3m时，同一面墙距两侧阴阳角约30cm位置，分别按以下原则实测2次。 （3）当墙长度大于3m时，同一面墙距两端头竖向阴阳角约30cm和墙体中间位置，分别按以下原则实测3次。		

实训步骤	3.阴阳角方正检测。 使用多功能内外直角检测尺能检测墙面内外(阴阳)直角的偏差,一般普通的抹灰墙面偏差值为4mm,砖面偏差值为2mm。使用时将活动尺拉出旋转270°,使指针对准"0"位,然后靠在阴阳角处测量,测量后,读取检测尺上的读数,指针所指数值即为被测面的垂直偏差
实训预计成果	骨架隔墙工程检验批质量验收记录
考核标准	本实训成绩占期末总成绩一定比例,具体比例由授课教师根据授课情况决定。 1.考勤标准(20%):能够按时出勤,不迟到、不早退,态度认真,遵守实训纪律。 2.实际操作(50%):试验顺序符合要求,仪器操作得当。 3.数据处理(30%):数据处理精准,内容准确,字迹工整

砌体墙面平整度、垂直度、阴阳角方正检测试验报告

所属班级：　　　　　　　学生姓名：　　　　　　　编制时间：

表 4-7	骨架隔墙工程检验批质量验收记录

编号：030502□□□

<table>
<tr><td colspan="4">工程名称</td><td colspan="3">分项工程名称</td><td colspan="2">项目经理</td><td></td></tr>
<tr><td colspan="4">施工单位</td><td colspan="3">验收部位</td><td colspan="3"></td></tr>
<tr><td colspan="4">施工执行标准
名称及编号</td><td colspan="3"></td><td colspan="2">专业工长
（施工员）</td><td></td></tr>
<tr><td colspan="4">分包单位</td><td colspan="3">分包项目经理</td><td colspan="2">施工班组长</td><td></td></tr>
<tr><td colspan="4" align="center">质量验收规范的规定</td><td colspan="3" align="center">施工单位自检记录</td><td colspan="3" align="center">监理（建设）单位验收记录</td></tr>
<tr><td rowspan="6">主控项目</td><td>1</td><td colspan="2">所用材料品种、质量</td><td>（7.3.3条）</td><td colspan="3"></td><td colspan="3"></td></tr>
<tr><td>2</td><td colspan="2">骨架与基体连接</td><td>（7.3.4条）</td><td colspan="3"></td><td colspan="3"></td></tr>
<tr><td>3</td><td colspan="2">骨架间距、构造和连接</td><td>（7.3.5条）</td><td colspan="3"></td><td colspan="3"></td></tr>
<tr><td>4</td><td colspan="2">木质材料防火、防腐</td><td>（7.3.6条）</td><td colspan="3"></td><td colspan="3"></td></tr>
<tr><td>5</td><td colspan="2">隔墙面板安装</td><td>（7.3.7条）</td><td colspan="3"></td><td colspan="3"></td></tr>
<tr><td>6</td><td colspan="2">隔墙板接缝</td><td>（7.3.8条）</td><td colspan="3"></td><td colspan="3"></td></tr>
<tr><td rowspan="3"></td><td>1</td><td colspan="2">隔板表面质量</td><td>（7.3.9条）</td><td colspan="3"></td><td colspan="3"></td></tr>
<tr><td>2</td><td colspan="2">隔墙上的孔洞、槽、盒</td><td>（7.3.10条）</td><td colspan="3"></td><td colspan="3"></td></tr>
<tr><td>3</td><td colspan="2">隔墙内的填充料</td><td>（7.3.11条）</td><td colspan="3"></td><td colspan="3"></td></tr>
<tr><td rowspan="9">一般项目</td><td rowspan="2">4</td><td rowspan="2" align="center">项目</td><td colspan="2" align="center">允许偏差/mm</td><td colspan="6" rowspan="2" align="center">实测值/mm</td></tr>
<tr><td align="center">纸面
石膏板</td><td align="center">人造木板
水泥纤维板</td></tr>
<tr><td>立面垂直度</td><td align="center">3</td><td align="center">4</td><td></td><td></td><td></td><td></td><td></td><td></td></tr>
<tr><td>表面平整度</td><td align="center">3</td><td align="center">3</td><td></td><td></td><td></td><td></td><td></td><td></td></tr>
<tr><td>阴阳角方正</td><td align="center">3</td><td align="center">3</td><td></td><td></td><td></td><td></td><td></td><td></td></tr>
<tr><td>接缝直线度</td><td align="center">—</td><td align="center">3</td><td></td><td></td><td></td><td></td><td></td><td></td></tr>
<tr><td>压条直线度</td><td align="center">—</td><td align="center">3</td><td></td><td></td><td></td><td></td><td></td><td></td></tr>
<tr><td>接缝高低差</td><td align="center">1</td><td align="center">1</td><td></td><td></td><td></td><td></td><td></td><td></td></tr>
<tr><td colspan="4" align="center">施工操作依据</td><td colspan="6"></td></tr>
<tr><td colspan="4" align="center">质量检查记录</td><td colspan="6"></td></tr>
<tr><td colspan="3" align="center">施工单位检查
结果评定</td><td colspan="3">项目专业
质量检查员：</td><td colspan="4">项目专业
技术负责人：

　　　　年　月　日</td></tr>
<tr><td colspan="3" align="center">监理（建设）
单位验收结论</td><td colspan="7">专业监理工程师：
（建设单位项目专业技术负责人）

　　　　　　　　　　　年　月　日</td></tr>
</table>

注：本表引自《建筑装饰装修工程施工质量验收规范》(GB 50210—2013)。

4.8 墙面抹灰平整度、垂直度、阴阳角方正检测

墙面抹灰平整度、垂直度、阴阳角方正检测实训项目任务指导书

所属专业:　　　　　指导教师:　　　　　编制序号:质检(八)

实训项目名称	墙面抹灰平整度、垂直度、阴阳角方正检测	实训地点	工程监理检测实训室
		实训学时	2
适用对象	建筑工程管理、建筑工程技术、工程监理、工程造价及其他相近专业		
实训目的	1.使学生了解检测包中检测工具的使用方法。 2.通过实训,学生应掌握墙面抹灰平整度、垂直度、阴阳角方正的检测方法		
实训任务及要求	实训任务: 1.完成用垂直检测尺及检测包检测墙面抹灰平整度、垂直度及阴阳角方正。 2.填写一般抹灰工程检验批质量验收记录(表4-8)。 实训要求: 垂直检测尺、检测包内检测工具操作符合规范要求,测点布置合理,试验流程准确,读数精准,数据处理认真、严谨;课程实训期间,严禁捏造、抄袭		
所需主要仪器设备	垂直检测尺、检测包、砌体墙		
实训组织	学生分组,每组4～5人,教师讲解施工过程及操作要点并进行示范,学生自己动手操作,操作完成后相互点评,最后由教师进行总结		
实训步骤	1.平整度检测。 (1)选择测区测点:当墙面长度小于3m时,各墙面顶部和根部4个角中,取左上及右下2个角。当墙面长度大于3m时,还需在墙长度中间位置增加1次水平测量,3次测量值均作为判断该实测指标合格率的3个计算点。 (2)墙面有门窗、过道洞口的,在各洞口45°斜交测一次,为新增实测指标合格率的1个点。 2.垂直度检测。 (1)实测值主要反映砌体墙体垂直度,应避开墙顶梁、墙底灰砂砖或混凝土反坎、墙体斜顶砖,消除其测量值的影响,如2m靠尺过高不易定位,可采用1m靠尺。 (2)当墙长度小于3m时,同一面墙距两侧阴阳角约30cm位置,分别按以下原则实测2次。 (3)当墙长度大于3m时,同一面墙距两端头竖向阴阳角约30cm和墙体中间位置,分别按以下原则实测3次		

实训步骤	3.阴阳角方正检测。 使用多功能内外直角检测尺能检测墙面内外(阴阳)直角的偏差,一般普通的抹灰墙面偏差值为4mm,砖面偏差值为2mm。使用时将活动尺拉出旋转270°,使指针对准"0"位,然后靠在阴阳角处测量,测量后,读取检测尺上的读数,指针所指数值即为被测面的垂直偏差
实训预计成果	一般抹灰工程检验批质量验收记录
考核标准	本实训成绩占期末总成绩一定比例,具体比例由授课教师根据授课情况决定。 1.考勤标准(20%):能够按时出勤,不迟到、不早退,态度认真,遵守实训纪律。 2.实际操作(50%):试验顺序符合要求,仪器操作得当。 3.数据处理(30%):数据处理精准,内容准确,字迹工整

墙面抹灰平整度、垂直度、阴阳角方正检测试验报告

所属班级：　　　　　　　学生姓名：　　　　　　　编制时间：

表 4-8　　　　　　　　　**一般抹灰工程检验批质量验收记录**

编号：030201/010705□□□

工程名称				分项工程名称			项目经理										
施工单位				验收部位													
施工执行标准 名称及编号								专业工长 （施工员）									
分包单位				分包项目经理				施工班组长									
质量验收规范的规定				施工单位自检记录				监理（建设）单位验收记录									
主控项目	1	基层处理		4.2.2 条													
	2	材料要求		4.2.3 条													
	3	加强措施		4.2.4 条													
	4	面层黏结要求		4.2.5 条													
一般项目	1	表面质量	普通抹灰	4.2.6(1)条													
			高级抹灰	4.2.6(2)条													
	2	护角、孔洞、槽、盒周围的抹灰表面质量		4.2.7 条													
	3	抹灰层要求		4.2.8 条													
	4	分格缝设置		4.2.9 条													
	5	滴水线（槽）设置		4.2.10 条													
	6	立面垂直度	高级抹灰	3													
			普通抹灰	4													
		表面平整度	高级抹灰	3													
			普通抹灰	4													
		阴阳角方正	高级抹灰	3													
			普通抹灰	4													
		分格条（缝）直线度	高级抹灰	3													
			普通抹灰	4													
		墙裙、勒脚上口直线度	高级抹灰	3													
			普通抹灰	4													
施工操作依据																	
质量检查记录																	
施工单位检查 结果评定			项目专业 质量检查员： 项目专业 技术负责人： 　　　　年　　月　　日														
监理（建设） 单位验收结论			专业监理工程师： （建设单位项目专业技术负责人） 　　　　年　　月　　日														

注：本表引自《建筑装饰装修工程施工质量验收规范》（GB 50210—2013）。

4.9　房间开间、进深、层高检测

房间开间、进深、层高检测实训项目任务指导书

所属专业：　　　　　　指导教师：　　　　　　编制序号：质检(九)

实训项目名称	房间开间、进深、层高检测	实训地点	工程监理检测实训室
		实训学时	2
适用专业	建设工程管理、建筑工程技术、建设工程监理、工程造价及其他相近专业		
实训目的	1.通过实训,学生应了解激光测距仪的基本构造、工作原理和使用方法。 2.通过实训,学生应掌握使用激光测距仪测量房间开间、进深及层高的方法		
实训任务及要求	实训任务： 1.完成用激光测距仪检测房间开间、进深及层高。 2.填写室内开间、进深、层高净尺寸抽测表(表4-9)。 实训要求： 激光测距仪操作符合规范要求,测点布置合理,试验流程准确,读数精准,数据处理认真、严谨;课程实训期间,严禁捏造、抄袭		
所需主要仪器设备	激光测距仪、5m卷尺、房间		
实训组织	学生分组,每组4~5人,教师讲解施工过程及操作要点并进行示范,学生自己动手操作,操作完成后相互点评,最后由教师进行总结		
实训步骤	1.每一个功能房间的开间和进深分别各作为1个实测区,累计实测、实量6个功能房间的12个实测区。 2.同一实测区内按开间(进深)方向测量墙体两端的距离,各得到两个实测值,比较两个实测值与图纸设计尺寸,找出偏差的最大值,其小于等于10mm时为合格;大于10mm时为不合格。 3.所选2套房中的所有房间的开间(进深)的实测区分别不满足6个时,需增加实测套房数		
实训预计成果(结论)	室内开间、进深、层高净尺寸抽测表		
考核标准	本实训成绩占期末总成绩一定比例,具体比例由授课教师根据授课情况决定。 1.考勤标准(20%):能够按时出勤,不迟到、不早退,态度认真,遵守实训纪律。 2.实际操作(50%):试验顺序符合要求,仪器操作得当。 3.数据处理(30%):数据处理精准,内容准确,字迹工整		

房间开间、进深、层高检测试验报告

所属班级：　　　　　　学生姓名：　　　　　　编制时间：

表 4-9　　　　　　　室内开间、进深、层高净尺寸抽测表

工程名称								
房号				抽测时间				
房间编号	开间		进深		净高			
	推定值/mm	实测值/mm	推定值/mm	实测值/mm	推定值/mm	实测值/mm		

结论	实测房间数量 _____，不合格房间数量 _____。 需整改处理的房间为 _____。 备注：

抽测单位	建设单位	施工单位	监理单位
	抽测人员： 　　　年　月　日	抽测人员： 　　　年　月　日	抽测人员： 　　　年　月　日

5 建筑工程项目管理实训项目

5.1 项目管理软件绘制网络图

项目管理软件绘制网络图实训任务指导书

所属专业: 指导教师: 编制序号:项目(一)

实训项目 名称	项目管理软件绘制网络图	实训地点	项目管理实训室
		实训学时	4
适用 专业	建筑工程技术、建设工程管理、建设工程监理、工程造价及其他相近专业		
实训 目的	熟悉软件工具栏各按钮功能,掌握软件主要功能和操作步骤,掌握建立新 文档、添加工作、插入工作、块复制、修改、加时标等方法和步骤		
实训任务 及要求	实训任务:绘制某分部工程时标网络图。 实训要求:每5人1组,1台电脑,1人主操,其他人协作;各台电脑均装有统一 版本的项目管理软件;按实训教师要求的步骤同步操作;实训结束关闭电脑电源		
所需主要 仪器设备	教学计算机,多媒体投影设备,学生实训电脑,工程项目管理软件		
实训组织	指导教师→实验员→1组、2组、3组、4组……		

实训步骤	1.运行软件,建立新文档,单击"新建网络图"按钮,进入项目计划。
	  2.选择添加状态,点击"添加"按钮进入编辑状态,在空白窗口双击鼠标左键,输入工作时间并点击"确定",就加入第一个工作。
	  3.光标在工作上移动,根据光标在工作上不同部位的形状提示选择操作。
	  4.在"方案设计"后面加一个工作"布套1设计",节点②出现提示后按下鼠标左键向后拖动,松开左键出现"布套1设计",确定;还可在右向提示出现处双击插入;或在节点②出现提示"十"字光标处双击插入该工作。
	  5.用同样方法,可将"布套1备料","布套1加工","总装配"连续画到屏幕上,计算机自动进行节点编号。智能建立紧前紧后逻辑,自动计算关键线路。
	  6."布套1备料"的同时,可以进行"布套1工装制造",移动光标到工作"布套1备料"上,出现提示上下箭头光标处双击,在弹出对话框中输入该工作属性,即可添加一个平行工作"布套1工装制造"。
	  7.用引入进行块复制,首先添加一个工作为复制准备,然后选择引入状态拉框,选择要复制的内容,再按下复制按钮,将其复制到剪切板中,在引入状态,光标移至工作上双击出现对话框,再选择剪切板确定。
	  8.选择修改状态,将复制后"布套1"改为"布套2","设备1"改为"设备2",再选择调整状态,将节点⑦与节点⑧连接。
	  9.按下边框标尺按钮给网络图加上时间标尺,网络图即告完成		

实训预计成果（结论）	完成绘制某分部工程时标网络图
考核标准	1.按照指导书完成全部实训过程,考核成绩占20%。 2.报告内容齐全、完整、准确,考核成绩占30%。 3.实训达到预计成果(结论),考核成绩占50%

项目管理软件绘制网络图实训成果

所属班级: 学生姓名: 编制时间:

5.2　项目管理软件绘制施工平面图

项目管理软件绘制施工平面图实训任务指导书

所属专业：　　　　　指导教师：　　　　　编制序号：项目（二）

实训项目名称	项目管理软件绘制施工平面图	实训地点	项目管理实训室
		实训学时	4
适用专业	建筑工程技术、建设工程管理、建设工程监理、工程造价及其他相近专业		
实训目的	熟悉软件工具栏各按钮功能，掌握软件主要功能和操作使用步骤，掌握底图导入及图层设置、图形定位、直线字线、圆弧字线、边缘线、标注，以及圆角捕捉等方法，掌握移动、编辑、复制、粘贴、缩放、组合等的操作方法		
实训任务及要求	实训任务：在建筑总平面图基础上绘制施工平面图。 实训要求：每5人1组，1台电脑，1人主操，其他人协作；各台电脑均装有统一版本的项目管理软件；按实训教师要求的步骤同步操作；实训结束关闭电脑电源		
所需主要仪器设备	教学电脑，多媒体投影设备，学生实训电脑，工程项目管理软件		
实训组织	指导教师→实验员→1组、2组、3组、4组……		
实训步骤	1.底图图层设置：将扫描的建筑总平面图作为底图导入底图图层；根据底图比例确定施工平面图绘图比例1：1000或其他。 2.场外接引、场内道路布置图的绘制：对图形定位，利用界面工具栏绘图工具，分别选择按钮绘制道路边线直线、转弯平曲线（弧线），标注路宽、转弯半径。 3.塔吊或主导机械布置图的绘制：对图形定位，利用界面工具栏绘图工具，分别选择按钮绘制塔吊或主导机械机身、拔杆、行进路线等平面布置简易图形，标注机械起重重量、回转半径。 4.库房、加工场地布置图的绘制：对图形定位，利用界面工具栏绘图工具，分别选择按钮绘制库房、加工车间、工棚、通用施工设备等平面布置简易图形，标注位置、尺寸。 5.生活、办公房屋布置图的绘制：对图形定位，利用界面工具栏绘图工具，分别选择按钮绘制宿舍、食堂、厕所、办公室等生活临建平面布置简易图形，标注位置、尺寸。 6.临时水电管网及动力设施布置图的绘制：对图形定位，利用界面工具栏绘图工具，分别选择按钮绘制生产生活给水、消防水、施工用电、生活用电设施等，画出管线、栓井、配电盘箱等平面布置简易图形，标注位置、尺寸		
实训预计成果（结论）	完成在建筑总平面图基础上绘制施工平面图		
考核标准	1.按照指导书完成全部实训过程，考核成绩占20%。 2.报告内容齐全、完整、准确，考核成绩占30%。 3.实训达到预计成果（结论），考核成绩占50%		

项目管理软件绘制施工平面图实训成果

所属班级： 学生姓名： 编制时间：

5.3　项目管理软件编制施工进度计划

项目管理软件编制施工进度计划实训任务指导书

所属专业:　　　　　指导教师:　　　　　编制序号:项目(三)

实训项目名称	项目管理软件编制施工进度计划	实训地点	项目管理实训室
		实训学时	4
适用专业	建筑工程技术、建设工程管理、建设工程监理、工程造价及其他相近专业		
实训目的	熟悉软件工具栏各按钮功能,掌握软件主要功能和操作步骤,掌握建立新文档、添加工作(同时加载资源)、插入工作(同时加载资源)、块复制、修改、加时标等方法和步骤		
实训任务及要求	实训任务:编制含有时间、劳力、材料、机械设备的网络进度计划。 实训要求:每5人1组,1台电脑,1人主操,其他人协作;各台电脑均装有统一版本的项目管理软件;按实训教师要求的步骤同步操作;实训结束关闭电脑电源		
所需主要仪器设备	教学电脑,多媒体投影设备,学生实训电脑,工程项目管理软件		
实训组织	指导教师→实验员→1组、2组、3组、4组……		
实训步骤	1.运行软件,建立新文档,单击"新建网络图"按钮,进入项目计划。 2.选择添加状态,点击"添加"按钮进入编辑状态,在空白窗口双击鼠标左键,输入工作时间、劳动力数量、材料数量、机械设备数量等,并点击确定,就加入第一个工作。 3.光标在工作上移动,根据光标在工作上不同部位的形状提示选择操作。 4.在"方案设计"后面加一个工作"布套1设计",节点②出现提示后按下左键向后拖动,松开左键出现"布套1设计",确定;还可在右向提示出现处双击插入;或在节点②出现提示"十"字光标处双击插入该工作。 5.用同样方法,可将"布套1备料","布套1加工","总装配"连续画到屏幕上,计算机自动进行节点编号。智能建立紧前紧后逻辑,自动计算关键线路。 6."布套1备料"的同时,可以进行"布套1工装制造",移动光标到工作"布套1备料"上,出现提示上下箭头光标处双击,在弹出的对话框中输入该工作属性,即可添加一个平行工作"布套1工装制造"。 7.用引入进行块复制,首先添加一个工作为复制准备,然后选择引入状态拉框选择要复制的内容,再按下复制按钮,将其复制到剪切板中。在引入状态,光标移至工作上双击出现对话框,再选择剪切板确定。 8.选择修改状态,将复制后"布套1"改为"布套2","设备1"改为"设备2",再选择调整状态,将节点⑦与节点⑧连接。 9.按下边框标尺按钮给网络图加上时间标尺,含有时间、劳力、材料、机械设备的网络进度计划即告完成		

续表

实训预计成果（结论）	完成编制含有时间、劳力、材料、机械设备的网络进度计划
考核标准	1. 按照指导书完成全部实训过程，考核成绩占 20%。 2. 报告内容齐全、完整、准确，考核成绩占 30%。 3. 实训达到预计成果（结论），考核成绩占 50%

项目管理软件编制施工进度计划实训成果

所属班级：　　　　　　学生姓名：　　　　　　编制时间：

5.4　项目管理软件编制施工方案

项目管理软件编制施工方案实训任务指导书

所属专业：　　　　　　指导教师：　　　　　　编制序号：项目（四）

实训项目名称	项目管理软件编制施工方案	实训地点	项目管理实训室
		实训学时	4
适用专业	建筑工程技术、建设工程管理、建设工程监理、工程造价及其他相近专业		
实训目的	通过工程软件的上机实际操作训练，掌握利用工程项目管理软件编制生成专项施工方案的方法		
实训任务及要求	实训任务：编制脚手架施工专项方案（含计算书、应急预案）。 实训要求：每5人1组，1台电脑，1人主操，其他人协作；各台电脑均装有统一版本的项目管理软件；按实训教师要求的步骤同步操作；实训结束关闭电脑电源		
所需主要仪器设备	教学电脑，多媒体投影设备，学生实训电脑，工程项目管理软件		
实训组织	指导教师→实验员→1组、2组、3组、4组……		
实训步骤	1.运行软件，在界面工具栏，选择按钮创建工程；输入工程概况（名称、地址、规模、工程量等）。 2.输入脚手架基本搭设参数（高度、排数、杆距、步距等），单击计算按钮，图文自动生成安全计算书。 3.在界面工具栏，选择按钮点击，同步生成，包含编制依据、工程概况、方案选择、材料选择、安全技术措施、搭设流程及要求等。 4.在界面工具栏，选择按钮点击，同步生成方案报审表，输出的报审表智能选取计算要点，对计算结果正确与否给出智能判断。 5.在界面工具栏，选择按钮点击，针对性做施工交底，智能编制方案直接生成项目施工交底，输出节点放大详图。 6.在界面工具栏，选择按钮点击，智能编制应急预案、应急组织、应急响应、应急救援等		
实训预计成果（结论）	完成编制脚手架施工专项方案（含计算书、应急预案）		
考核标准	1.按照指导书完成全部实训过程，考核成绩占20%。 2.报告内容齐全、完整、准确，考核成绩占30%。 3.实训达到预计成果（结论），考核成绩占50%		

项目管理软件编制施工方案实训成果

所属班级：　　　　　　学生姓名：　　　　　　　编制时间：

5.5 项目管理沙盘模拟

项目管理沙盘模拟实训任务指导书

所属专业：　　　　　　　　指导教师：　　　　　　　　编制序号：项目（五）

实训项目名称	项目管理沙盘模拟	实训地点	项目管理实训室
		实训学时	2
适用专业	建筑工程技术、建设工程管理、建设工程监理、工程造价及其他相近专业		
实训目的	掌握工程项目管理组织机构建设，项目可行性分析，项目生命周期，项目风险识别，项目风险控制和转移，项目成本控制，项目实施阶段进度，质量，安全，成本等控制，项目调整和总结评估的内容和方法		
实训任务及要求	实训任务：项目管理沙盘模拟项目管理活动。 实训要求：项目法人代表及项目管理人员按各自职责，围绕实训项目、顺序搜集准备资料，做好充分准备；针对"可研分析""风险评估""风险控制""成本控制""进度质量安全控制""项目总结评估"各阶段重点工作，模拟工程实际设计管理情景；每个成员均应以模拟角色认真参与活动，不得中途改变角色，不得随意简化、遗漏实训环节		
所需主要仪器设备	项目管理沙盘		
实训组织	指导教师→实验员→项目经理、项目总工、施工技术部长、质量部长、安全部长、物资部长、造价部长、财务部长、行政部长（各部长下属若干工程师或主管）		
实训步骤	1.项目团队建立，以建设单位为例，成立项目管理组织机构，即项目法人代表机构。 2.项目可行性分析，围绕项目可行性研究报告内容要点，包括纳入地方发展规划、环境影响评价、地质灾害影响评价、市场环境因素、投资收益等。 3.把握项目生命周期管理的落脚点，项目从决策（可研报告批复立项）到项目建设准备、项目建设施工、项目竣工投用、项目折旧摊销、项目报废处置的各个阶段，投资最小、效益最大的时间周期，即"全寿命周期"。 4.项目风险识别（风险分析），围绕项目政治、市场、环境、自然风险范围识别各种风险，从中评价重大风险。 5.项目风险监控与缓解策略，利用风险转移方式（合同转移对方，保险公司理赔转移）转移部分风险，不能转移风险的，制订重大风险管理方案、应急预案。一旦风险爆发，采取应急措施控制事态发展，减少损失。 6.制订项目成本计划，围绕工程造价费用构成出发，针对每一类别费用制订成本降低率指标，落实责任到各部门各级人员，奖罚并举，实施控制。 7.项目实施阶段进度、质量、安全控制，根据合同目标指标，分解、落实责任到各部门各级各类人员，奖罚并举，实施控制。 8.项目控制过程涉及问题的团队决策，项目进度、质量、安全、成本出现与预期目标指标有落差时，召开专题会议分析原因，制订措施，实施整改与补救。 9.项目调整和总结评估，针对政策变化、市场因素、不可抗力等对项目的影响，客观评价影响与损失，并合理予以调整。项目竣工投用后，需对其进行全面的总结评估（项目资金、进度、质量、安全、成本、技术、管理，以及投资效益等）		

续表

实训预计 成果 （结论）	完成项目管理沙盘模拟项目管理活动
考核标准	1.按照指导书完成全部实训过程，考核成绩占20％。 2.报告内容齐全、完整、准确，考核成绩占30％。 3.实训达到预计成果（结论），考核成绩占50％

项目管理沙盘模拟实训成果

所属班级：　　　　　　学生姓名：　　　　　　编制时间：

6 建筑工程招投标模拟实训项目

6.1 编制某工程招标文件

编制某工程招标文件实训项目任务指导书

所属专业:　　　　　指导教师:　　　　　编制序号:招投标(一)

实训项目名称	编制某工程招标文件	实训地点	招投标模拟实训室
		实训学时	4
适用专业	建设工程管理、建设工程监理、工程造价、建筑工程技术及其他相近专业		
实训目的	1.加深学生对招标文件的理解和运用。 2.通过课程设计的实训训练,学生应能掌握招标文件的内容、招标文件格式、编制招标文件的注意事项和招标文件的作用等理论知识及实际操作,并能将理论知识运用到实际操作中		
实训任务及要求	实训任务:完成某工程招标文件的编制。 实训要求: 1.招标文件必须遵循公开、公平、公正的原则,不得以不合理的条件限制或者排斥潜在投标人,不得对潜在投标人实行歧视待遇。 2.招标文件介绍的工程情况和提出的要求,必须与资格预审文件的内容一致。 3.招标文件的内容要能清楚地反映工程的规模、性质、商务和技术要求等内容,设计图纸应与技术规范或技术要求相一致,使招标文件系统、完整、准确。 4.招标人应当在招标文件中规定实质性要求和条件,并用醒目的方式标明		
所需主要仪器设备	某工程建筑施工图和结构施工图、国家建筑标准设计图集、《简明标准施工招标文件》《标准设计施工总承包招标文件》等		
实训组织	学生分组,每组4~5人,教师讲解建设项目招标文件编制的要点并进行示范,学生自己动手编写,编写完成后相互点评,最后由教师进行总结		
实训步骤	编制某工程招标文件: 1.熟悉《简明标准施工招标文件》《标准设计施工总承包招标文件》。 2.熟悉工程项目概况。 3.编制工程招标文件		

续表

实训 预计成果 （结论）	完成某工程项目的招标文件的编制
考核 标准	1.按照百分制进行打分,从学生的答辩表现、招标文件总体设计方案等与实训项目相关的各方面以及平时表现综合给分。 2.本实训项目综合得分占期末总成绩的10%

编制某工程招标文件实训成果

所属班级： 学生姓名： 编制时间：

1.编制某工程招标文件(表6-1)。

表6-1　　　　　　　　某工程项目的招标文件

文件组成部分	各部分重点内容简介
招标公告	
投标人须知	
评标办法	
合同条款及格式	
工程量清单	
图纸	
技术标准和要求	
投标文件格式	
投标人须知前附表 规定的其他材料	

2.附一份完整的招标文件

6.2　编制某工程投标文件

编制某工程投标文件实训项目任务指导书

所属专业：　　　　　　　指导教师：　　　　　　编制序号：招投标(二)

实训项目名称	编制某工程投标文件	实训地点	招投标模拟实训室
		实训学时	6
适用专业	建设工程管理、建设工程监理、工程造价、建筑工程技术及其他相近专业		
实训目的	1.加深学生对投标文件编制的理解和运用。 2.通过课程设计的实训训练,学生应能掌握投标文件的内容、投标文件的格式、投标文件编制的注意事项和投标文件的作用等理论知识及实际操作,并能将理论知识运用到实际操作中		
实训任务及要求	实训任务:完成某工程投标文件的编制。 实训要求: 1.投标文件应当对招标文件提出的实质性要求和条件做出响应。 2.投标文件必须采用招标文件规定的文件表格格式。 3.填报投标文件应反复校核,保证分项和汇总计算均无错误		
所需主要仪器设备	国家建筑标准设计图集、资格预审文件、招标文件、投标预备会的答疑文件等		
实训组织	学生分组,每组4~5人,教师讲解施工项目投标文件编制的要点并进行示范,学生自己动手编制,编制完成后相互点评,最后由教师进行总结		
实训步骤	编制某工程投标文件: 1.熟悉工程项目。 2.学习招标文件,包括施工图纸。 3.编制投标文件		
实训预计成果(结论)	完成某工程项目投标文件的编制		
考核标准	1.按照百分制进行打分,从学生的答辩表现、投标文件是否响应招标文件的实质性要求、商务标、技术标等与实训项目相关的各方面以及平时表现综合给分。 2.本实训项目综合得分占期末总成绩的10%		

编制某工程投标文件实训成果

所属班级：　　　　　　　学生姓名：　　　　　　　编制时间：

1. 编制某工程投标文件（表 6-2）。

表 6-2　　　　　　　　　　　某工程项目投标文件

文件组成部分	各部分重点内容简介
投标函及投标函附录	
法定代表人身份证明或附有法定代表人身份证明的授权委托书	
联合体协议书	
投标保证金	
已标价工程量清单	
施工组织设计	
项目管理机构	
拟分包项目情况表	
资格审查材料	
投标人须知前附表规定的其他材料	

2. 附一份完整的招标文件

6.3   组织某工程开标、评标

组织某工程开标、评标实训项目任务指导书

所属专业：   指导教师：   编制序号：招投标（三）

实训项目 名称	组织某工程开标、评标	实训地点	招投标模拟实训室
		实训学时	4
适用专业	建设工程管理、建设工程监理、工程造价、建筑工程技术及其他相近专业		
实训 目的	1. 加深学生对开标工作和评标工作的理解和运用。 2. 通过课程设计的实训训练，学生应能掌握开标会议议程、开标记录的内容、开标工作的注意事项、评标的组织、评标工作内容、评标办法等理论知识及实际操作，并能将理论知识运用到实际操作中		
实训任务 及要求	实训任务：完成组织某工程开标并填写开标记录，组织某工程评标并完成评标结果的计算。 实训要求： 1. 开标议程安排合理、有序。 2. 开标记录、投标文件接收登记表等应填写完整、准确、清晰。 3. 评标过程应认真负责、公平、公正，评标结果计算准确		
所需主要 仪器设备	某工程招标文件、国家建筑标准设计图集等		
实训 组织	学生分组，每组 6～10 人，教师讲解开标、评标过程及操作要点并进行示范，学生自己动手操作，操作完成后相互点评，最后由教师进行总结		
实训 步骤	开标： 1. 参加开标会议的人员签到。 2. 会议主持人宣布开标会议开始。 3. 宣读招标人法定代表人资格证明或招标人代表的授权委托书，公布在投标截止时间前递交投标文件名称，并点名确认投标人是否派人到场。 4. 宣布开标人、唱标人、记录人和监标人名单。 5. 由招标人代表当众宣布评标、定标办法。 6. 由招标人代表、招标投标管理机构的人员和公证员核查投标人提交的与标书评分有关的证明文件原件。 7. 当众启封投标文件。 8. 由唱标人进行唱标。 9. 由招投标管理机构当众宣布审定后的标底。 10. 由投标人的法定代表人或其委托的法定代理人核对开标会议记录，并签字确认开标结果。 评标： 1. 各组抽调人员组成评委。 2. 按照招标文件中的评标细则评标。 3. 确定中标单位		
实训 预计成果 （结论）	1. 完成开标工作； 2. 完成评标工作； 3. 开标大会及其准备工作分工通知单； 4. 业主及来宾签到表； 5. 评委签到表； 6. 投标单位签到表； 7. 投标文件接收登记表； 8. 密封情况查验表； 9. 证件查验表； 10 开标记录表		
考核 标准	1. 按照百分制进行打分，从学生的答辩表现、开标议程、各类表格的记录情况等与实训项目相关的各方面以及平时表现综合给分。 2. 本实训项目综合得分占期末总成绩的 10%		

组织某工程开标、评标实训成果

所属班级：　　　　　　　学生姓名：　　　　　　　编制时间：

完成下列表格的填写：

1. 开标大会及其准备工作分工通知单（表6-3）。
2. 业主及来宾签到表（表6-4）。
3. 评委签到表（表6-5）。
4. 投标单位签到表（表6-6）。
5. 投标文件接收登记表（表6-7）。
6. 密封情况查验表（表6-8）。
7. 证件查验表（表6-9）。
8. 开标记录表（表6-10）

表 6-3　　　　　　　　**开标大会及其准备工作分工通知单**

项目名称：＿＿＿＿＿＿＿＿＿＿住宅楼建设工程项目

开标时间：＿＿＿＿年＿＿＿＿月＿＿＿＿日

开标地点：＿＿＿＿＿＿＿＿＿＿建设工程交易中心

序号	工作内容	分工人员姓名	落实情况	备注
1	会场布置			
2	主持人			
3	投标单位及文件接收			
	签到表			
4	拆标人			
5	唱标人			
6	计算机操作			
7	开标记录人			
8	复核人员			
9	重要来宾接待			
10	评标专家接待			
11	摄影人员			

主管经理：

注：此通知由主管经理负责组织并落实到位。

表6-4　　　　　　　　　　　　　　**业主及来宾签到表**

项目名称：＿＿＿＿＿＿＿＿＿＿＿住宅楼建设工程项目

开标时间：＿＿＿＿年＿＿＿＿月＿＿＿日

开标地点：＿＿＿＿＿＿＿＿＿＿＿建设工程交易中心

姓名	工作单位	职务/职称	联系电话

表6-5　　　　　　　　　　　　　　**评委签到表**

项目名称：＿＿＿＿＿＿＿＿＿＿＿住宅楼建设工程项目

开标时间：＿＿＿＿年＿＿＿＿月＿＿＿日

开标地点：＿＿＿＿＿＿＿＿＿＿＿建设工程交易中心

姓名	工作单位	职务/职称	联系电话

表6-6　　　　　　　　　　　　　　**投标单位签到表**

项目名称：＿＿＿＿＿＿＿＿＿＿＿住宅楼建设工程项目

开标时间：＿＿＿＿年＿＿＿＿月＿＿＿日

开标地点：＿＿＿＿＿＿＿＿＿＿＿建设工程交易中心

序号	投标人	签字

表6-7　　　　　　　　　　　　　　**投标文件接收登记表**

项目名称：＿＿＿＿＿＿＿＿＿＿＿建设工程项目

单位名称		递交人	
递交时间	年　月　日　时　分	递交地点	×××建设工程交易中心
招标代理	×××工程管理有限公司	接收人	

表6-8 **密封情况查验表**

项目名称：_____住宅楼建设工程项目

开标时间：_____年_____月_____日

开标地点：_____建设工程交易中心

序号	投标单位	密封情况	确认签字	备注
1	×××有限责任公司			
2	×××工程有限责任公司			
3	×××工程有限责任公司			

监标人： 年 月

表6-9 **证件查验表**

项目名称：_____住宅楼建设工程项目

开标时间：_____年_____月_____日

开标地点：_____建设工程交易中心

序号	投标单位	授权委托书原件	授权委托人身份证原件	投标保证金收据原件	查验人	备注
1	×××有限责任公司					
2	×××工程有限责任公司					
3	×××工程有限责任公司					

表6-10 **开标记录表**

项目名称：_____住宅楼建设工程项目

开标时间：_____年_____月_____日

开标地点：_____建设工程交易中心

序号	投标单位	投标报价	质量	承诺	确认无误（签字）	备注
1	×××有限责任公司					
2	×××工程有限责任公司					
3	×××工程有限责任公司					

唱标人： 记录人： 监标人：

7 建筑工程造价实训项目

7.1 广联达钢筋抽样软件实操案例

广联达钢筋抽样软件实操案例任务指导书

所属专业：　　　　　　指导教师：　　　　　　编制序号:造价(一)

实训项目名称	广联达钢筋抽样软件实操案例	实训地点	造价实训中心
		实训学时	10
适用专业	工程造价、建设工程管理、建设工程监理及其他相近专业		
实训目的	1.训练学生独立思考、解决问题的能力； 2.通过实训,学生应具备使用钢筋抽样软件计算钢筋量的能力； 3.通过实训,学生应具备使用软件编制工程造价文件的能力		
实训任务及要求	实训任务:在钢筋抽样软件(GGJ)中绘制某工程的轴网,基础、柱、梁、板、楼梯等构件,结合工程实例正确编辑构件截面信息,汇总计算工程钢筋量。 实训要求:要求学生自己独立操作完成整个工程,且上交实训成果电子版,并填写实训报告书		
所需主要仪器设备	计算机、广联达软件(带加密锁)、某工程图纸、投影仪、取费标准、费用定额等		
实训组织	实训应在指导教师的具体指导下进行,要求指导教师随时查看学生绘图过程,给出相应的记录,实训结束时对学生评出相应的成绩		
实训步骤	1.识图看图； 2.根据软件要求编辑构件截面信息并请指导教师检查、指导； 3.选择构件用指定的绘制方法进行构件绘制,绘制完成请指导教师检查正确性； 4.汇总计算查看钢筋量,与正确数据比较分析,检查问题修改正确； 5.将本节内容电子版成果上交,并填写实训报告		
实训预计成果(结论)	绘制建筑物的各种形式的构件、截面定义准确,标高位置准确,钢筋计算结果种类齐全、数据准确		
考核标准	1.构件截面编制正确(20%)； 2.绘制操作正确(20%)； 3.立体效果良好(20%)； 4.钢筋数据准确(20%)； 5.实训表现(20%)		

广联达钢筋抽样软件实操案例实训成果

所属班级：   学生姓名：   编制时间：

1.填写截面编辑信息。

截面尺寸：   钢筋信息：   标高：   绘制方式：

2.填写钢筋计算结果（补充完成表7-1）。

表7-1   钢筋计算结果

构件	级别	类型	工程量

7.2　广联达图形算量软件实操案例

广联达图形算量软件实操案例任务指导书

所属专业：　　　　　　指导教师：　　　　　　编制序号：造价（二）

实训项目名称	广联达图形算量软件实操案例	实训地点	造价实训中心
		实训学时	4
适用专业	工程造价、建设工程管理、建设工程监理及其他相近专业		
实训目的	1.训练学生独立思考、解决问题的能力； 2.使学生具备使用图形算量软件计算工程量的能力； 3.使学生具有使用软件编制工程造价文件的能力		
实训任务及要求	实训任务： 将钢筋软件导入图形算量软件，在图形算量软件（GCL）中补充绘制某工程的垫层、土方、台阶、散水、楼梯、装修等构件，经汇总计算查看工程量。 实训要求： 1.要求学生自己独立操作完成整个工程； 2.要求学生上交实训成果电子版，并填写实训报告书		
所需主要仪器设备	计算机、广联达软件（带加密锁）、某工程图纸、投影仪、取费标准、费用定额等		
实训组织	实训应在指导教师的具体指导下进行，要求指导教师随时查看学生绘图过程，给出相应的记录，实训结束时给学生评出相应成绩		
实训步骤	1.将钢筋抽样软件导入图形算量软件； 2.绘制基础垫层； 3.智能布置土方并修改数据； 4.绘制首层散水、台阶、房心回填、室内装修等构件； 5.绘制完成请指导教师检查立体图形构件是否正确； 6.汇总检查计算结果，经指导教师检查正确后，上交电子成果； 7.填写实训报告		
实训预计成果（结论）	能够绘制建筑物的图形构件，定义准确，操作方法简单、熟练，工程量数据准确		
考核标准	1.构件截面编制正确（20%）； 2.绘制操作正确（20%）； 3.立体效果良好（20%）； 4.工程量数据准确（20%）； 5.实训表现（20%）		

广联达图形算量软件实操案例实训成果

所属班级：　　　　　　　　学生姓名：　　　　　　　　编制时间：

1.填写构件信息（表7-2）。

表7-2　　　　　　　　　　　　　构件信息

构件名称	截面尺寸	标高	绘制方式	工程量

2.工程量汇总表（表7-3）。

表7-3　　　　　　　　　　　　工程量汇总表

楼层	构件名称	工程量

7.3 广联达计价软件实操案例

广联达计价软件实操案例任务指导书

所属专业：　　　　　　　指导教师：　　　　　　编制序号：造价（三）

实训项目名称	广联达计价软件实操案例	实训地点	造价实训中心
		实训学时	4
适用专业	工程造价、建设工程管理、建设工程监理及其他相近专业		
实训目的	1.训练学生独立思考、解决问题的能力； 2.使学生具备使用计价软件进行项目管理的能力		
实训任务及要求	实训任务： 利用计价软件进行项目管理。 实训要求： 1.要求学生自己独立操作完成整个工程； 2.要求学生上交实训成果电子版，并填写实训报告书； 3.取费工程类别执行费用定额及有关文件规定； 4.材料价差根据有关工程造价管理文件； 5.预算书必须用钢笔、油笔工整抄写或计算机打印，不得有涂改痕迹		
所需主要仪器设备	计算机、广联达软件（带加密锁）、某工程图纸、投影仪、取费标准、费用定额等		
实训组织	实训应在指导教师的具体指导下进行，要求指导教师随时查看学生项目管理操作过程，给出相应的记录，实训结束时给学生评出相应成绩		
实训步骤	1.打开计价软件，根据图纸信息编辑某工程某分部工程招标方预算书，指导教师检查纠偏； 2.根据图纸信息编辑某工程某分部工程投标方预算书，指导教师检查纠偏； 3.总结分析投标方、招标方预算书的不同和需要注意的要点，填写实训报告		
实训预计成果（结论）	1.能够熟练编制招标预算书； 2.能够熟练编制投标预算书； 3.编制预算过程熟练，数据准确		
考核标准	1.费用套取正确（20%）； 2.数据结果正确（40%）； 3.操作流程正确（20%）； 4.实训表现（20%）		

广联达计价软件实操案例实训成果

所属班级：　　　　　　学生姓名：　　　　　　编制时间：

1. 填写数据（表 7-4、表 7-5）。

表 7-4　　　　　　　　　　　招标预算书

序号	汇总内容	金额/元	其中（暂估价）

表 7-5　　　　　　　　　　　投标预算书

序号	汇总内容	金额/元	其中（暂估价）

2. 比较结果与总结

7.4　广联达计价软件编制工程量清单

广联达计价软件编制工程量清单任务指导书

所属专业：　　　　　　　　指导教师：　　　　　　　编制序号:造价(四)

实训项目 名称	广联达计价软件编制工程量清单	实训地点	造价实训中心
		实训学时	6
适用 专业	工程造价、建设工程管理、建设工程监理及其他相近专业		
实训 目的	1.训练学生独立思考、解决问题的能力； 2.使学生具备使用计价软件编制清单预算的能力		
实训任务 及要求	实训任务： 利用计价软件编制某工程量清单。 实训要求： 1.要求学生自己独立操作完成整个工程； 2.要求学生上交实训成果电子版,并填写实训报告书； 3.取费工程类别执行费用定额及有关文件规定； 4.材料价差根据有关工程造价管理文件； 5.预算书必须用钢笔、油笔工整抄写或计算机打印,不得有涂改痕迹		
所需主要 仪器设备	计算机、广联达软件(带加密锁)、某工程图纸、投影仪、取费标准、费用定额等		
实训 组织	实训应在指导教师的具体指导下进行,要求指导教师随时查看学生套项取费过程,给出相应的记录,实训结束时对学生评出对应的成绩		
实训 步骤	1.根据某小型项目工程编辑主体结构工程量清单。 2.指导教师检查清单编辑的正确性,包括项目特征描述是否正确,工程内容是否正确；套用清单项是否正确,清单单价是否正确。 3.报表汇总,进行造价分析。 4.上交成果,填写实训报告		
实训 预计成果 （结论）	清单内容编制正确,工程造价数据正确		
考核 标准	1.分部分项清单编制正确(20%)； 2.措施项目费清单编制正确(20%)； 3.其他项目清单编制正确(20%)； 4.规费、税金清单编制正确(20%)； 5.实训表现(20%)		

广联达计价软件编制工程量清单实训成果

所属班级：　　　　　　　学生姓名：　　　　　　　编制时间：

填写指定项目的分部分项工程量清单（表 7-6）。

表 7-6　　　　　　　　　　**分部分项工程量清单**

序号	项目编码	项目名称	项目特征	计量单位	工程数量

7.5　广联达计价软件编制定额预算

广联达计价软件编制定额预算任务指导书

所属专业：　　　　　　　指导教师：　　　　　　　编制序号：造价(五)

实训项目名称	广联达计价软件编制定额预算	实训地点	造价实训中心
		实训学时	6
适用专业	工程造价、建设工程管理、建设工程监理及其他相近专业		
实训目的	1.训练学生独立思考、解决问题的能力； 2.使学生具备使用计价软件编制定额模式预算书的能力		
实训任务及要求	实训任务： 利用计价软件进行定额模式预算书的编制。 实训要求： 1.要求学生自己独立操作完成整个工程； 2.要求学生上交实训成果电子版，并填写实训报告书； 3.取费工程类别执行费用定额及有关文件规定； 4.材料价差根据有关工程造价管理文件； 5.预算书必须用钢笔、油笔工整抄写或计算机打印，不得有涂改痕迹		
所需主要仪器设备	计算机、广联达软件(带加密锁)、某工程图纸、投影仪、取费标准、费用定额等		
实训组织	实训应在指导教师的具体指导下进行，要求指导教师随时查看学生套项取费过程，给出相应的记录，实训结束对学生评出相应的成绩		
实训步骤	1.根据某小型项目工程编辑主体结构定额预算。 2.指导教师检查定额费用套项的正确性，包括分部分项工程费的套项的正确性；措施项目费的正确性，取费的正确性。 3.报表汇总，进行造价结果分析。 4.上交成果，填写实训报告		
实训预计成果(结论)	定额预算书编制正确，工程造价数据正确		
考核标准	1.定额项费用编制正确(20%)； 2.措施项目费编制正确(20%)； 3.工程造价数据正确(20%)； 4.编制过程熟练(20%)； 5.实训表现(20%)		

广联达计价软件编制定额预算实训成果

所属班级：　　　　　　　　学生姓名：　　　　　　　　编制时间：

1. 填写指定项目的费用（表 7-7）。

表 7-7　　　　　　　　　　　　　　取费表

序号	费用名称	取费说明	费率	费用金额/元

8 工程监理文件编制实训项目

8.1 编制某工程监理大纲

编制某工程监理大纲实训项目任务指导书

所属专业：　　　　　　指导教师：　　　　　　编制序号：监理(一)

实训项目名称	编制某工程监理大纲	实训地点	工程监理检测实训室
		实训学时	2
适用专业	建设工程管理、建设工程监理及其他相近专业		
实训目的	1.加深学生对监理大纲的理解和运用。 2.通过课程设计的实训训练,学生应能掌握监理大纲的编制依据和原则、编制要求和编制内容等理论知识及实际操作,并能将理论知识运用到实际应用中		
实训任务及要求	实训任务： 完成某工程监理大纲的编制。 实训要求： 1.监理大纲内容应具有针对性、指导性。 2.监理大纲的编制要遵循科学性和实事求是的原则。 3.监理大纲书面表达应注意文字简洁、意思确切		
实训所需资料	某工程监理招标文件、某工程建筑施工图和结构施工图、国家建筑标准设计图集		
实训组织	学生分组,每组6～10人,教师讲解工程监理大纲的编制要点,学生自己动手编制,编制完成后相互点评,最后由教师进行总结		
实训步骤	1.熟悉招标文件。 2.熟悉工程项目。 3.进行工程监理大纲的编制		
实训预计成果(结论)	某工程监理大纲		
考核标准	1.按照百分制进行打分,从学生的答辩表现、监理大纲的内容等与实训项目相关的各方面以及平时表现综合给分。 2.本实训项目综合得分占期末总成绩的5%		

编制某工程监理大纲实训成果

所属班级： 学生姓名： 编制时间：

1. 某工程监理大纲（表 8-1）的编制。

表 8-1 　　　　　　　　　　　某工程监理大纲

文件组成部分	各部分重点内容简介
项目概况	
监理工作的指导思想和监理工作的目标	
项目监理机构的组织形式	
项目监理机构的人员组成	
投资控制的工作任务与方法	
进度（工期）控制的工作任务与方法	
质量控制的工作任务与方法	
合同管理的工作任务与方法	
组织协调的任务和方法	
监理装备与监理手段	
监理人员的职责及工作制度	
监理报告	

2. 附一份完整的监理大纲

8.2　编制某工程监理规划

编制某工程监理规划实训项目任务指导书

所属专业：　　　　　　　指导教师：　　　　　　　编制序号：监理(二)

实训项目名称	编制某工程监理规划	实训地点	工程监理检测实训室
		实训学时	4
适用专业	建设工程管理、建设工程监理及其他相近专业		
实训目的	1.加深学生对监理规划的理解和运用。 2.通过课程设计的实训训练，学生应能掌握监理规划的编制程序和原则、编制依据、编制要求和编制内容等理论知识及实际操作，并能将理论知识运用到实际操作中		
实训任务及要求	实训任务：完成某工程监理规划的编制。 实训要求：监理规划的内容应有针对性，做到控制目标明确、控制措施有效、工作程序合理、工作制度健全、职责分工清楚，对监理实施工作有指导作用		
实训所需资料	委托监理合同、监理大纲、图纸、图集等		
实训组织	学生分组，每组 4～5 人，教师讲解工程监理规划编制的要点，学生自己动手编制，编制完成后相互点评，最后由教师进行总结		
实训步骤	1.熟悉委托监理合同和工程项目。 2.学习监理大纲。 3.编制某工程建设监理规划		
实训预计成果(结论)	某工程项目监理规划		
考核标准	1.按照百分制进行打分，从学生的答辩表现、监理规划的内容等与实训项目相关的各方面以及平时表现综合给分。 2.本实训项目综合得分占期末总成绩的 5%		

编制某工程监理规划实训成果

所属班级：　　　　　　　学生姓名：　　　　　　　编制时间：

1. 某工程监理规划（表 8-2）的编制。

表 8-2　　　　　　　　　　　　某工程监理规划

文件组成部分	各部分重点内容简介
工程项目概况	
监理工作范围	
监理工作内容	
监理工作目标	
监理工作依据	
项目监理机构的组织形式	
项目监理机构的人员配备计划	
项目监理机构的人员岗位职责	
监理工作程序	
监理工作方法及措施	
监理工作制度	
监理设施	

2. 附一份完整的监理规划

8.3 编制某工程监理实施细则

编制某工程监理实施细则实训项目任务指导书

所属专业：　　　　　　指导教师：　　　　　　编制序号：监理(三)

实训项目名称	编制某工程监理实施细则	实训地点	工程监理检测实训室
		实训学时	4
适用专业	建设工程管理、建设工程监理及其他相近专业		
实训目的	1.加深学生对工程监理实施细则的理解和运用。 2.通过课程设计的实训训练,学生应能掌握工程监理实施细则的编制程序和原则、编制依据、编制要求和编制内容等理论知识及实际操作,并能将理论知识运用到实际操作中		
实训任务及要求	实训任务:完成某工程监理实施细则的编制。 实训要求:监理实施细则应符合监理规划的要求,并应结合工程项目的专业特点,体现项目监理机构对于该工程项目在各专业技术、管理和目标控制方面的具体要求,要求具有可操作性		
实训所需资料	委托监理合同、工程监理大纲、工程监理规划、图纸、图集等		
实训组织	学生分组,每组 4～5 人,教师讲解工程监理实施细则编制的操作要点并进行示范,学生自己动手编制,编制完成后相互点评,最后由教师进行总结		
实训步骤	1.熟悉委托监理合同、工程监理大纲、工程监理规划。 2.熟悉工程项目,包括施工图纸。 3.编制某工程监理实施细则		
实训预计成果(结论)	某工程监理实施细则		
考核标准	1.按照百分制进行打分,从学生的答辩表现、监理实施细则的内容等与实训项目相关的各方面以及平时表现综合给分。 2.本实训项目综合得分占期末总成绩的 5%		

编制某工程监理实施细则实训成果

所属班级： 　　　　　　学生姓名： 　　　　　　编制时间：

1. 某工程项目监理实施细则（表 8-3）的编制。

表 8-3 　　　　　　　　　　　　**某工程监理实施细则**

文件组成部分	各部分重点内容简介
工程项目概况	
监理工作范围	
监理工作内容	
监理工作目标	
监理工作依据	
项目监理机构的组织形式	
项目监理机构的人员配备计划	
项目监理机构的人员岗位职责	
监理工作程序	
监理工作方法及措施	
监理工作制度	
监理设施	

2. 附一份完整的监理实施细则

8.4　记录某工程第一次工地会议纪要

记录某工程第一次工地会议纪要实训项目任务指导书

所属专业：　　　　　　　指导教师：　　　　　　　编制序号：监理（四）

实训项目名称	记录某工程第一次工地会议纪要	实训地点	工程监理检测实训室
		实训学时	2
适用专业	建设工程管理、建设工程监理及其他相近专业		
实训目的	1.加深对第一次工地会议监理交底书的理解和运用。 2.通过课程设计的实训训练，学生应能掌握监理组织机构、监理工作依据、监理单位的权利、监理工作的内容等理论知识及实际操作，并能将理论知识运用到实际操作中		
实训任务及要求	实训任务：完成某工程第一次工地会议纪要的编制。 实训要求：第一次工地会议纪要的内容应该完整、条理清晰、实事求是，同时要保证真实、准确，简明扼要		
实训所需资料	委托监理合同、监理大纲、工程监理规划、工程监理实施细则等		
实训组织	学生分组，每组 4～5 人，教师讲解第一次工地会议监理交底编制的要点并进行示范，学生自己动手编制，编制完成后相互点评，最后由教师进行总结		
实训步骤	1.熟悉监理组织机构、监理工作依据、监理工作的内容和基本程序及方法等。 2.编制第一次工地会议监理交底书		
实训预计成果（结论）	某工程第一次工地会议纪要		
考核标准	1.按照百分制进行打分，从学生的答辩表现、第一次工地会议纪要的内容等与实训项目相关的各种方面，以及平时表现综合给分。 2.本实训项目综合得分占期末总成绩的 5%		

某工程第一次工地会议纪要记录实训成果

所属班级：　　　　　　　学生姓名：　　　　　　　编制时间：

1. 某工程第一次工地会议纪要（表 8-4）的编制。

表 8-4　　　　　　　　　　某工程第一次工地会议纪要

文件组成部分	各部分重点内容简介
监理组织机构	
监理工作依据	
监理单位的权利（法规、合同授权）	
监理工作的内容（监理合同范围简介）	
监理工作的基本程序和方法（监理规划简介）	
有关报表的报审要求	
工程例会	
监理与施工方的配合要求	

2. 附一份完整的某工程第一次工地会议纪要记录

8.5　填写某工程监理工作日志(部分)

填写某工程监理工作日志(部分)实训项目任务指导书

所属专业:　　　　　　　指导教师:　　　　　　　编制序号:监理(五)

实训项目名称	填写某工程监理工作日志(部分)	实训地点	实训厂房
		实训学时	2
适用专业	建设工程管理、建设工程监理及其他相近专业		
实训目的	1.加深学生对监理工作日志的理解和运用。 2.通过课程设计的实训训练,学生应能掌握监理工作日志的内容、格式和编制注意事项等理论知识及实际操作,并能将理论知识运用到实际操作中		
实训任务及要求	实训任务: 完成填写某工程监理工作日志(部分)。 实训要求: 1.准确记录时间、气象。 2.做好现场巡查,真实、准确、全面地记录工程相关问题		
实训所需资料	图纸、图集、工程监理大纲、工程监理规划、工程监理实施细则等		
实训组织	学生分组,每组 10 人,教师讲解工程监理日志编制的要点并进行示范,学生自己动手编制,编制完成后相互点评,最后由教师进行总结		
实训步骤	1.熟悉图纸。 2.熟悉工程的进展情况。 3.编制某工程监理工作日志(部分)		
实训预计成果(结论)	某工程监理工作日志(部分)		
考核标准	1.按照百分制进行打分,从学生的答辩表现、监理工作日志的内容等与实训项目相关的各种方面,以及平时表现综合给分。 2.本实训项目综合得分占期末总成绩的5%		

填写某工程监理工作日志(部分)实训成果

所属班级：　　　　　　　　学生姓名：　　　　　　　　编制时间：

1. 某工程监理工作日志(部分)(表 8-5)的编制。

表 8-5　　　　　　　　　某工程监理工作日志(部分)

文件组成部分	各部分重点内容简介
时间、气象	
工程进度	
当日进场的工程材料	
检验批、分项、分部、单位工程验收	
旁站	
平行检查	
巡视	
其他	

2. 附一份完整的某工程监理工作日志(部分)

8.6 编写某工程监理月报

编写某工程监理月报实训项目任务指导书

所属专业：　　　　　指导教师：　　　　　编制序号：监理(六)

实训项目名称	编写某工程监理月报	实训地点	工程监理检测实训室
		实训学时	2
适用专业	建设工程管理、建设工程监理及其他相近专业		
实训目的	1.加深学生对监理月报的理解和运用。 2.通过课程设计的实训训练，学生应能掌握监理月报的内容、格式和编制要求等理论知识及实际操作，并能将理论知识运用到实际操作中		
实训任务及要求	实训任务：编写某工程监理月报。 实训要求：监理月报应真实反映工程现状和监理工作情况，做到数据准确、重点突出、语言简练		
实训所需资料	某工程施工组织设计		
实训组织	学生分组，每组4～5人，教师讲解施工过程及操作要点并进行示范，学生自己动手操作，操作完成后相互点评，最后由教师进行总结		
实训步骤	1.熟悉某工程的进展情况。 2.编写某工程监理月报		
实训预计成果（结论）	某工程监理月报		
考核标准	1.按照百分制进行打分，从学生的答辩表现、监理月报的内容等与实训项目相关的各种方面，以及平时表现综合给分。 2.本实训项目综合得分占期末总成绩的5%		

编写某工程监理月报实训成果

所属班级：　　　　　　　　学生姓名：　　　　　　　　编制时间：

1.某工程监理月报（表 8-6）的编制

表 8-6　　　　　　　　　　　某工程监理月报

文件组成部分	各部分重点内容简介
工程概况	
工程形象进度	
工程质量	
工程计量与 工程支付	
合同其他事项 的处理情况	
本月监理工作 小结	

2.附一份完整的监理月报

8.7　编写某工程监理工作总结

编写某工程监理工作总结实训项目任务指导书

所属专业：　　　　　　指导教师：　　　　　　编制序号：监理（七）

实训项目 名称	编写某工程监理工作总结	实训地点	工程监理检测实训室
		实训学时	2
适用 专业	建设工程管理、建设工程监理及其他相近专业		
实训 目的	1.加深学生对监理工作总结的理解和运用。 2.通过课程设计的实训训练，学生应能掌握监理工作总结的内容、编制要求、编写的注意事项和作用等理论知识及实际操作，并能将理论知识运用到实际操作中		
实训任务 及要求	实训任务： 完成某工程监理工作总结的编写。 实训要求： 监理工作总结的内容，必须符合《建设工程监理规范》（GB/T 50319—2013）的要求，内容真实、全面，文字简洁，有理论、有分析、有经验、有改进		
实训所需 资料	某工程委托监理合同、某工程监理大纲、某工程监理规划、某工程监理实施细则		
实训 组织	学生分组，每组4～5人，教师讲解工程监理总结编制的要点并进行示范，学生自己动手编制，编制完成后相互点评，最后由教师进行总结		
实训 步骤	1.熟悉某工程项目概况。 2.熟悉监理部署、监理工作依据、主要的质量监理控制情况、施工安全与文明控制情况和工程质量验收评定等内容。 3.编写某工程监理工作总结		
实训 预计成果 （结论）	某工程监理工作总结		
考核 标准	1.按照百分制进行打分，从学生的答辩表现、监理工作总结的内容等与实训项目相关的各种方面，以及平时表现综合给分。 2.本实训项目综合得分占期末总成绩的5%		

编写某工程监理工作总结实训成果

所属班级：　　　　　　　学生姓名：　　　　　　　编制时间：

1.某工程监理工作总结（表 8-7）的编制。

表 8-7　　　　　　　　　　**某工程监理工作总结**

文件组成部分	各部分重点内容简介
工程概况	
监理工作部署	
监理工作依据	
主要的质量监理控制情况	
施工安全与文明的控制	
工程质量验收评定	
监理工作经验总结	

2.附一份完整的监理工作总结

8.8 编制某工程监理档案

编制某工程监理档案实训项目任务指导书

所属专业：　　　　　指导教师：　　　　　编制序号：监理（八）

实训项目名称	编制某工程监理档案	实训地点	工程监理检测实训室
		实训学时	2
适用专业	建设工程管理、建设工程监理及其他相近专业		
实训目的	1.加深学生对工程建设监理文件档案资料管理的理解和运用。 2.通过课程设计的实训训练,学生应能掌握监理单位文件、档案、资料管理职责和工程建设监理主要文件、档案内容等理论知识及实际操作,并能将理论知识运用到实际操作中		
实训任务及要求	实训任务： 完成某工程监理档案编制。 实训要求： 1.工程监理档案资料必须及时整理、真实完整、分类有序。 2.工程监理档案的内容应该完整、条理清晰、实事求是,同时要保证真实、准确,简明扼要		
实训所需资料	某工程委托监理合同、某工程建筑施工图和结构施工图、与工程相关的标准和技术资料		
实训组织	学生分组,每组6～10人,教师讲解工程建设监理文件档案资料管理编制要点并进行示范,学生自己动手操作,操作完成后相互点评,最后由教师进行总结		
实训步骤	1.熟悉招标文件和委托监理合同。 2.熟悉工程项目。 3.编写工程监理档案		
实训预计成果（结论）	某工程监理档案资料		
考核标准	1.按照百分制进行打分,从学生的答辩表现、监理档案的内容等与实训项目相关的各方面以及平时表现综合给分。 2.本实训项目综合得分占期末总成绩的5％		

编制某工程监理档案实训成果

所属班级：　　　　　　　学生姓名：　　　　　　　编制时间：

1.某工程监理档案（表 8-8）的编制。

表 8-8　　　　　　　　　　　　某工程监理档案

文件组成部分	各部分重点内容简介
监理规划	
监理实施细则	
监理会议纪要（部分）	
监理工作日志（部分）	
监理月报（部分）	
监理工作总结	

2.附一份完整的工程监理档案资料

9 工程技术资料编制实训项目

9.1 软件编制某工程开工资料

软件编制某工程开工资料实训任务指导书

所属专业：　　　　　指导教师：　　　　　编制序号：资料（一）

实训项目名称	软件编制某工程开工资料	实训地点	工程资料实训室
		实训学时	4
适用专业	建筑工程技术、建设工程管理、建设工程监理、工程造价及其他相近专业		
实训目的	熟悉软件工具栏各按钮功能，掌握软件主要功能和操作步骤，以及工程开工文件创建、连接操作步骤和方法		
实训任务及要求	实训任务：创建工程开工文件、表格及实现链接、存盘。 实训要求：每5人1组，1台电脑，1人主操，其他人协作；各台电脑均装有统一版本的项目管理软件；按实训教师要求的步骤同步操作；实训结束关闭电脑电源		
所需主要仪器设备	教学电脑，多媒体投影设备，学生实训电脑，工程资料管理软件		
实训组织	指导教师→实验员→1组、2组、3组、4组……		
实训步骤	1. 创建工程开工文件。 2. 创建工程开工一般表格。 3. 创建工程开工有关 A5 类业已形成文件（扫描、图片）的链接文件： 　（1）建设项目列入年度计划的申报文件； 　（2）建设项目列入年度的批复文件或年度计划项目表； 　（3）建设工程规划许可证及其附件； 　（4）建设工程施工许可证； 　（5）投资许可证、审计证明、缴纳绿化建设费等证明； 　（6）工程质量监督手续； 　（7）规划审批报送文件； 　（8）施工现场移交单 4. 存盘		

实训预计成果（结论）	完成创建工程开工文件、表格及实现链接、存盘
考核标准	1.按照指导书完成全部实训过程,考核成绩占20％。 2.报告内容齐全、完整、准确,考核成绩占30％。 3.实训达到预计成果(结论),考核成绩占50％

软件编制某工程开工资料实训成果

所属班级：　　　　　　学生姓名：　　　　　　编制时间：

9.2 软件编制某桩基工程资料

软件编制某桩基工程资料实训任务指导书

所属专业：　　　　　　指导教师：　　　　　　编制序号：资料(二)

实训项目名称	软件编制某桩基工程资料	实训地点	工程资料实训室
		实训学时	4
适用专业	建筑工程技术、建设工程管理、建设工程监理、工程造价及其他相近专业		
实训目的	熟悉软件工具栏各按钮功能，掌握软件主要功能和操作步骤，以及创建、编辑、统计、拷贝、存盘和打印文件的方法		
实训任务及要求	实训任务：桩基工程施工文件创建、编辑、统计、拷贝、存盘及打印。 实训要求：每5人1组，1台电脑，1人主操，其他人协作；各台电脑均装有统一版本的工程资料软件；按实训教师要求的步骤同步操作；实训结束关闭电脑电源		
所需主要仪器设备	教学电脑，多媒体投影设备，学生实训电脑，工程资料管理软件		
实训组织	指导教师→实验员→1组、2组、3组、4组……		
实训步骤	1.创建桩基分部工程文件： 　(1)施工管理资料； 　(2)施工技术文件； 　(3)施工进度造价文件； 　(4)施工资料； 　(5)施工记录； 　(6)施工检验及试验记录。 2.创建桩基分部工程一般表格。 3.创建桩基分部工程有关业已形成的链接文件(举例)。 4.创建桩基工程检验批表格，自动生成、更改、编辑操作。 5.创建桩基分项，子分部工程验收表格，自动生成、更改、编辑操作。 6.CAD图片插入(插入截图)。 7.导入检验批、分项、分部统计，存盘。 8.文档打印		
实训预计成果(结论)	完成某桩基工程施工文件创建、编辑、统计、拷贝、存盘及打印		
考核标准	1.按照指导书完成全部实训过程，考核成绩占20%。 2.报告内容齐全、完整、准确，考核成绩占30%。 3.实训达到预计成果(结论)，考核成绩占50%		

软件编制某桩基工程资料实训成果

所属班级：　　　　　　学生姓名：　　　　　　编制时间：

9.3 软件编制某基础工程资料

软件编制某基础工程资料实训任务指导书

所属专业：　　　　　　指导教师：　　　　　　编制序号：资料(三)

实训项目名称	软件编制某基础工程资料	实训地点	工程资料实训室
		实训学时	4
适用专业	建筑工程技术、建设工程管理、建设工程监理、工程造价及其他相近专业		
实训目的	通过工程软件的上机实际操作训练,熟悉软件工具栏各按钮功能,掌握软件主要功能和操作步骤,以及创建、编辑、统计、拷贝、存盘和打印文件的方法		
实训任务及要求	实训任务:某基础工程施工文件创建、编辑、统计、拷贝、存盘及打印。 实训要求:每5人1组,1台电脑,1人主操,其他人协作;各台电脑均装有统一版本的工程资料软件;按实训教师要求的步骤同步操作;实训结束关闭电脑电源		
所需主要仪器设备	教学电脑,多媒体投影设备,学生实训电脑,工程资料管理软件		
实训组织	指导教师→实验员→1组、2组、3组、4组……		
实训步骤	1.创建基础分部工程文件: (1)施工管理资料; (2)施工技术文件; (3)施工进度造价文件; (4)施工资料; (5)施工记录; (6)施工检验及试验记录。 2.创建基础分部工程一般表格。 3.创建基础分部工程有关业已形成的链接文件(举例)。 4.创建基础工程检验批表格,自动生成、更改、编辑操作。 5.创建基础分项,子分部工程验收表格,自动生成、更改、编辑操作。 6.CAD图片插入(插入截图)。 7.导入检验批、分项、分部统计,存盘。 8.文档打印		
实训预计成果(结论)	完成某基础工程施工文件创建、编辑、统计、拷贝、存盘及打印		
考核标准	1.按照指导书完成全部实训过程,考核成绩占20%。 2.报告内容齐全、完整、准确,考核成绩占30%。 3.实训达到预计成果(结论),考核成绩占50%		

软件编制某基础工程资料实训成果

所属班级：　　　　　　学生姓名：　　　　　　编制时间：

9.4 软件编制某主体工程资料

软件编制某主体工程资料实训任务指导书

所属专业：　　　　　　指导教师：　　　　　　编制序号：资料（四）

实训项目名称	软件编制主体工程资料	实训地点	工程资料实训室
		实训学时	8
适用专业	建筑工程技术、建设工程管理、建设工程监理、工程造价及其他相近专业		
实训目的	熟悉软件工具栏各按钮功能，掌握软件主要功能和操作步骤，以及创建、编辑、统计、拷贝、存盘和打印文件的方法		
实训任务及要求	实训任务：某主体工程施工文件创建、编辑、统计、拷贝、存盘及打印。 实训要求：每5人1组，1台电脑，1人主操，其他人协作；各台电脑均装有统一版本的工程资料软件；按实训教师要求的步骤同步操作；实训结束关闭电脑电源		
所需主要仪器设备	教学电脑，多媒体投影设备，学生实训电脑，工程资料管理软件		
实训组织	指导教师→实验员→1组、2组、3组、4组……		
实训步骤	1.创建主体分部工程文件： 　（1）施工管理资料； 　（2）施工技术文件； 　（3）施工进度造价文件； 　（4）施工资料； 　（5）施工记录； 　（6）施工检验及试验记录。 2.创建主体分部工程一般表格。 3.创建主体分部工程有关业已形成的链接文件（举例）。 4.创建主体工程检验批表格，自动生成、更改、编辑操作。 5.创建主体分项、子分部工程验收表格，自动生成、更改、编辑操作。 6.CAD图片插入（插入截图）。 7.导入检验批、分项、分部统计，存盘。 8.文档打印		
实训预计成果（结论）	完成某主体工程施工文件创建、编辑、统计、拷贝、存盘及打印		
考核标准	1.按照指导书完成全部实训过程，考核成绩占20%。 2.报告内容齐全、完整、准确，考核成绩占30%。 3.实训达到预计成果（结论），考核成绩占50%		

软件编制某主体工程资料实训成果

所属班级：   学生姓名：   编制时间：

9.5　软件编制某屋面工程资料

软件编制某屋面工程资料实训任务指导书

所属专业：　　　　　　指导教师：　　　　　　编制序号：资料（五）

实训项目名称	软件编制某屋面工程资料	实训地点	工程资料实训室
		实训学时	2
适用专业	建筑工程技术、建设工程管理、建设工程监理、工程造价及其他相近专业		
实训目的	熟悉软件工具栏各按钮功能，掌握软件主要功能和操作步骤，以及创建、编辑、统计、拷贝、存盘和打印文件的方法		
实训任务及要求	实训任务：某屋面工程施工文件创建、编辑、统计、拷贝、存盘及打印。 实训要求：每5人1组，1台电脑，1人主操，其他人协作；各台电脑均装有统一版本的工程资料软件；按实训教师要求的步骤同步操作；实训结束关闭电脑电源		
所需主要仪器设备	教学电脑，多媒体投影设备，学生实训电脑，工程资料管理软件		
实训组织	指导教师→实验员→1组、2组、3组、4组……		
实训步骤	1.创建屋面分部工程文件： 　（1）施工管理资料； 　（2）施工技术文件； 　（3）施工进度造价文件； 　（4）施工资料； 　（5）施工记录； 　（6）施工检验及试验记录。 2.创建屋面分部工程一般表格。 3.创建屋面分部工程有关业已形成的链接文件（举例）。 4.创建屋面工程检验批表格，自动生成、更改、编辑操作。 5.创建屋面分项，子分部工程验收表格，自动生成、更改、编辑操作。 6.CAD图片插入（插入截图）。 7.导入检验批、分项、分部统计，存盘。 8.文档打印		
实训预计成果（结论）	完成某屋面工程施工文件创建、编辑、统计、拷贝、存盘及打印		
考核标准	1.按照指导书完成全部实训过程，考核成绩占20％。 2.报告内容齐全、完整、准确，考核成绩占30％。 3.实训达到预计成果（结论），考核成绩占50％		

软件编制某屋面工程资料实训成果

所属班级： 学生姓名： 编制时间：

9.6 软件编制某装饰工程资料

软件编制某装饰工程资料实训任务指导书

所属专业： 　　　　指导教师： 　　　　编制序号：资料(六)

实训项目名称	软件编制某装饰工程资料	实训地点	工程资料实训室
		实训学时	4
适用专业	建筑工程技术、建设工程管理、建设工程监理、工程造价及其他相近专业		
实训目的	熟悉软件工具栏各按钮功能，掌握软件主要功能和操作使用步骤，以及创建、编辑、统计、拷贝、存盘和打印文件的方法		
实训任务及要求	实训任务：某装饰工程施工文件创建、编辑、统计、拷贝、存盘及打印。 实训要求：每5人1组，1台电脑，1人主操，其他人协作；各台电脑均装有统一版本的工程资料软件；按实训教师要求的步骤同步操作；实训结束关闭电脑电源		
所需主要仪器设备	教学电脑，多媒体投影设备，学生实训电脑，工程资料管理软件		
实训组织	指导教师→实验员→1组、2组、3组、4组……		
实训步骤	1.创建装饰分部工程文件： 　(1)施工管理资料； 　(2)施工技术文件； 　(3)施工进度造价文件； 　(4)施工资料； 　(5)施工记录； 　(6)施工检验及试验记录。 2.创建装饰分部工程一般表格。 3.创建装饰分部工程有关业已形成的链接文件(举例)。 4.创建装饰工程检验批表格，自动生成、更改、编辑操作。 5.创建装饰分项，子分部工程验收表格，自动生成、更改、编辑操作。 6.CAD图片插入(插入截图)。 7.导入检验批、分项、分部统计，存盘。 8.文档打印		
实训预计成果(结论)	完成某装饰工程施工文件创建、编辑、统计、拷贝、存盘及打印		
考核标准	1.按照指导书完成全部实训过程，考核成绩占20%。 2.报告内容齐全、完整、准确，考核成绩占30%。 3.实训达到预计成果(结论)，考核成绩占50%		

软件编制某装饰工程资料实训成果

所属班级：　　　　　　学生姓名：　　　　　　编制时间：

9.7 软件编制某工程竣工验收资料

软件编制某工程竣工验收资料实训任务指导书

所属专业： 指导教师： 编制序号：资料（七）

实训项目名称	软件编制某工程竣工验收资料	实训地点	工程资料实训室
		实训学时	4
适用专业	建筑工程技术、建设工程管理、建设工程监理、工程造价及其他相近专业		
实训目的	熟悉软件工具栏各按钮功能，掌握软件主要功能和操作使用步骤，以及竣工资料创建、编辑、统计、拷贝、存盘和打印文件的方法		
实训任务及要求	实训任务：编制某工程竣工文件（建设/施工/监理）。 实训要求：每5人1组，1台电脑，1人主操，其他人协作；各台电脑均装有统一版本的工程资料软件；按实训教师要求的步骤同步操作；实训结束关闭电脑电源		
所需主要仪器设备	教学电脑，多媒体投影设备，学生实训电脑，工程资料管理软件		
实训组织	指导教师→实验员→1组、2组、3组、4组……		
实训步骤	1.创建工程竣工文件： 　（1）竣工验收与备案文件； 　（2）竣工决算文件； 　（3）工程声像资料； 　（4）其他资料。 2.创建工程竣工文件一般表格。 3.创建工程竣工文件有关业已形成的链接文件（举例）。 4.创建工程竣工文件有关单位工程质量验评表格，安全环保及功能验评表，单位工程观感验收记录表格，进行自动生成、更改、编辑操作。 5.CAD图片插入（插入截图）。 6.导入分部、单位工程统计，存盘。 7.文档打印		
实训预计成果（结论）	完成编制某工程竣工文件（建设/施工/监理）		
考核标准	1.按照指导书完成全部实训过程，考核成绩占20%。 2.报告内容齐全、完整、准确，考核成绩占30%。 3.实训达到预计成果（结论），考核成绩占50%		

软件编制某工程竣工验收资料实训成果

所属班级：　　　　　　　学生姓名：　　　　　　　编制时间：

参 考 文 献

[1] 孙阳.建筑工程类专业校内综合实训的探索与实践[J].中国科教创新导刊,2014(10): 213-215.

[2] 顾孝烈,鲍峰,程效军.测量学[M].上海:同济大学出版社,2011.

[3] 张晓敏,李杜生.建筑工程造价软件应用[M].北京:中国建筑工业出版社,2014.

[4] 王素芬.软件工程与项目管理[M].西安:西安电子科技大学出版社,2014.

[5] 林密.工程项目招投标与合同管理[M].北京:中国建筑工业出版社,2012.

[6] 中国建筑标准设计研究所.混凝土结构施工图整体表示方法制图规则和构造详图 (11G101 系列图集)[M].北京:中国计划出版社,2011.

[7] 中国建筑标准设计研究所.混凝土结构施工钢筋排布规则与构造详图(12G901 系列 图集)[M].北京:中国计划出版社,2012.

[8] 建设部职业技能岗位鉴定指导委员会.钢筋工[M].北京:中国建筑工业出版 社,1998.

[9] 建设部职业技能岗位鉴定指导委员会.瓦工[M].北京:中国建筑工业出版社,1998.

[10] 中华人民共和国住房和城乡建设部,中华人民共和国国家质量监督检验检疫总局. GB 50300—2013 建筑工程施工质量验收统一标准[S].北京:中国建筑工业出版 社,2013.

[11] 中华人民共和国住房和城乡建设部,中华人民共和国国家质量监督检验检疫总局. GB 50203—2011 砌体结构工程施工质量验收规范[S].北京:中国建筑工业出版 社,2011.

[12] 中华人民共和国住房和城乡建设部,中华人民共和国国家质量监督检验检疫总局. GB 50204—2015 混凝土结构工程施工质量验收规范[S].北京:中国建筑工业出版 社,2015.

[13] 中华人民共和国住房和城乡建设部,中华人民共和国国家质量监督检验检疫总局. GB 50205—2012 钢结构工程施工质量验收规范[S].北京:中国建筑工业出版 社,2012.

[14] 中华人民共和国住房和城乡建设部,中华人民共和国国家质量监督检验检疫总局. GB 50209—2010 建筑地面工程施工质量验收规范[S].北京:中国建筑工业出版 社,2010.

[15] 中华人民共和国住房和城乡建设部,中华人民共和国国家质量监督检验检疫总局. GB 50210—2013 建筑装饰装修工程质量验收规范[S].北京:中国建筑工业出版 社,2013.

［16］北京土木建筑学会.辽宁省建筑工程资料表格填写范例与指南［M］.北京:清华同方光盘出版社,2012.

［17］中华人民共和国住房和城乡建设部,中华人民共和国国家质量监督检验检疫总局.GB/T 50001—2010　房屋建筑制图统一标准［S］.北京:中国计划出版社,2011.

［18］中华人民共和国住房和城乡建设部,中华人民共和国国家质量监督检验检疫总局.GB/T 50105—2010　建筑结构制图标准［S］.北京:中国建筑工业出版社,2010.

［19］中华人民共和国住房和城乡建设部,中华人民共和国国家质量监督检验检疫总局.GB/T 50104—2010　建筑制图统一标准［S］.北京:中国建筑工业出版社,2010.

［20］国家质量技术监督局.GB/T 18122—2000　房屋建筑CAD制图统一规则［S］.北京:中国建筑工业出版社,2000.

［21］国家质量技术监督局.DBJ 14-030—2004　回弹法检测砌筑砂浆强度技术规程［S］.北京:中国建筑工业出版社,2004.

［22］中华人民共和国住房和城乡建设部,中华人民共和国国家质量监督检验检疫总局.GB/T 50315—2011　砌体工程现场检测技术标准［S］.北京:中国建筑工业出版社,2011.

［23］国家轻工业局.QB/T 3626—1999　聚四氟乙烯棒材［S］.北京:中国建筑工业出版社,1999.

［24］国家轻工业局.QB/T 3625—1999　聚四氟乙烯板材［S］.北京:中国建筑工业出版社,1999.

［25］中华人民共和国住房和城乡建设部.JGJ/T 152—2008　混凝土中钢筋检测技术规程［S］.北京:中国建筑工业出版社,2008.

［26］中华人民共和国建设部,国家质量监督检验检疫总局.GB/T 50344—2004　建筑结构检测技术标准［S］.北京:中国建筑工业出版社,2004.

［27］中华人民共和国住房和城乡建设部.JGJ/T 304—2013　住宅室内装饰装修工程质量验收规范［S］.北京:中国建筑工业出版社,2013.

［28］中华人民共和国住房和城乡建设部.GB/T 50002—2013　住宅建筑模数协调标准［S］.北京:中国建筑工业出版社,2014.